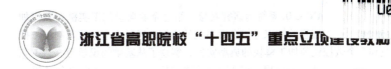

浙江省高职院校"十四五"重点立项建设教材

数控编程与加工

主　编　余　健

副主编　姜松涛　刘　元

参　编　陈　立　裘海炳　朱海江　沈华良　刘松涛
　　　　郑金杰　钟　兴　崔　利　吴国旺　徐乃中

主　审　孙曙光

机 械 工 业 出 版 社

本书以 FANUC 0i 系统为研究对象，结合企业典型加工实例对数控加工工艺设计及编程的知识进行全面系统的讲解，通过 5 个数控车削加工模块和 5 个数控铣削加工模块的典型实例，实现了从基础知识学习——工艺设计——刀具选择——程序编制——数控加工——产品检测的全过程学习。本书针对一些抽象不易理解的知识点附上了讲解视频（扫码观看），教材中所有零件加工、检测过程都附有仿真视频。

本书应用面广、适应性强，每一模块均对应一项针对性、指向性强的知识和技能，模块内容独立完整，可以单独组织学习，也可以根据工作岗位选择对应的学习模块学习。

本书可以作为高等职业院校机械类专业教材，也可作为相关企业工程技术人员的参考用书。

图书在版编目（CIP）数据

数控编程与加工/余健主编. —北京：机械工业出版社，2024.5
浙江省高职院校"十四五"重点立项建设教材
ISBN 978-7-111-75809-9

Ⅰ.①数…　Ⅱ.①余…　Ⅲ.①数控机床 – 程序设计 – 高等职业教育 –
教材②数控机床 – 加工 – 高等职业教育 – 教材　Ⅳ.①TG659

中国国家版本馆 CIP 数据核字（2024）第 097025 号

机械工业出版社（北京市百万庄大街 22 号　邮政编码 100037）
策划编辑：王晓洁　　　　　　责任编辑：王晓洁　关晓飞
责任校对：韩佳欣　李　杉　　封面设计：陈　沛
责任印制：常天培
固安县铭成印刷有限公司印刷
2024 年 6 月第 1 版第 1 次印刷
184mm×260mm·12 印张·312 千字
标准书号：ISBN 978-7-111-75809-9
定价：39.80 元

电话服务　　　　　　　　　网络服务
客服电话：010-88361066　　机　工　官　网：www.cmpbook.com
　　　　　010-88379833　　机　工　官　博：weibo.com/cmp1952
　　　　　010-68326294　　金　书　网：www.golden-book.com
封底无防伪标均为盗版　机工教育服务网：www.cmpedu.com

前　言

国务院印发《中国制造2025》，做出全面提升中国制造业发展质量和水平的重大战略部署，其根本目标在于改变中国制造业"大而不强"的局面。数控技术是我国从制造大国向制造强国转变的关键技术，是制造业现代化的重要基础。因此，培养大批具有数控加工工艺、数控编程和数控机床实际操作能力的高素质技能型专门人才，是当前社会的紧迫需求。

本书以数控车削编程与加工、数控铣削编程与加工两大工作能力为主线，以零件的实际加工过程为导向，以"书证融通、赛课融通"为切入点，以"单项—复杂—综合"实训为主要教学手段，基于真实工作过程，打破章节约束，编制了10个教学模块，循序渐进地培养学生从数控机床操作、工艺设计、程序编制到零件加工和质量检测全过程的知识和技能。

本书由余健担任主编，姜松涛、刘元担任副主编，孙曙光担任主审，各模块分工为：刘元编写模块1，姜松涛编写模块2~4，郑金杰编写模块5的5.1、5.2，刘松涛编写模块5的5.3、5.4，钟兴编写模块6的6.1、6.2，沈华良编写模块6的6.3、6.4，余健编写模块7~9，陈立编写模块10；模块1~5中的视频由朱海江录制，模块6~10中的视频由裘海炳录制；模块2~4中的实训案例由徐乃中提供，模块5~7中的实训案例由崔利提供，模块8~10中的实训案例由吴国旺提供，余健负责全书的统稿和定稿。

由于编者水平有限，书中若有不妥之处，敬请读者指正。

编　者

二维码汇总表

名称	二维码	名称	二维码	名称	二维码
二维码 1-1 常用刀具及量具介绍		二维码 4-1 轴向切削复合循环指令 G71		二维码 6-1 手动返回参考点	
二维码 1-2 刀具安装		二维码 4-2 端面切削复合循环指令 G72		二维码 6-2 自动返回参考点	
二维码 2-1 轴向切削固定循环指令 G90		二维码 4-3 仿形切削复合循环指令 G73		二维码 6-3 换刀操作	
二维码 2-2 单一螺纹指令 G32		二维码 4-4 螺纹切削复合循环指令 G76		二维码 6-4 G00动作过程	
二维码 2-3 螺纹切削循环指令 G92		二维码 4-5 零件仿真加工		二维码 6-5 装夹、找正及对刀操作	
二维码 2-4 零件仿真加工		二维码 5-1 径向切槽循环指令 G75		二维码 6-6 程序输入与编辑操作	
二维码 3-1 端面切削固定循环指令 G94		二维码 5-2 端面深孔钻削循环指令 G74		二维码 6-7 零件加工及检验操作	
二维码 3-2 零件仿真加工		二维码 5-3 零件仿真加工		二维码 7-1 刀具材料	

（续）

名称	二维码	名称	二维码	名称	二维码
二维码 7-2　机夹式面铣刀		二维码 7-11　装夹、找正及对刀操作		二维码 8-7　装夹、找正及对刀操作	
二维码 7-3　平底立铣刀		二维码 7-12　程序输入操作		二维码 8-8　程序输入与刀补参数设计	
二维码 7-4　键槽铣刀		二维码 7-13　零件加工及检验操作		二维码 8-9　零件加工及检验操作	
二维码 7-5　成形铣刀		二维码 8-1　行切法		二维码 9-1　返回动作讲解 G98/G99	
二维码 7-6　端面铣削与圆周铣削		二维码 8-2　环切法		二维码 9-2　运动仿真 G81	
二维码 7-7　刀具半径补偿		二维码 8-3　综合法		二维码 9-3　运动仿真 G83	
二维码 7-8　刀具长度补偿		二维码 8-4　机用虎钳		二维码 9-4　运动仿真 G82	
二维码 7-9　粗加工基点设计		二维码 8-5　卡盘装夹方法		二维码 9-5　循环运动仿真 G85	
二维码 7-10　精加工基点设计		二维码 8-6　粗加工刀轨及基点坐标计算		二维码 9-6　运动仿真 G84	

（续）

名称	二维码	名称	二维码	名称	二维码
二维码 9-7 铣螺纹运动仿真		二维码 9-11 装夹、找正及对刀操作		二维码 10-1 装夹、找正及对刀操作	
二维码 9-8 粗镗孔循环仿真视频 G89		二维码 9-12 程序输入与刀补参数设计		二维码 10-2 程序输入与刀补参数设计	
二维码 9-9 精镗孔仿真视频 G76		二维码 9-13 钻孔、铣孔加工及检验操作		二维码 10-3 零件加工及检验操作	
二维码 9-10 铣孔走刀路线设计		二维码 9-14 镗孔加工及检验操作			

目　录

模块1 数控车床编程与操作基础

❖ **任务书**

学习有关数控车床、数控铣床的基本操作技能和编程基础知识。

❖ **任务目标**

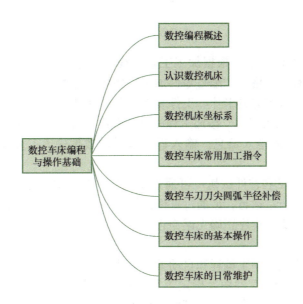

1.1 数控机床基础

1.1.1 数控编程概述

1. 数控编程的定义

把零件全部加工工艺过程及其他辅助动作，按动作顺序，用规定的标准指令、格式，编写成数控机床的加工程序，并经过检验和修改后，制成控制介质的整个过程称为数控加工的程序编制，简称数控编程。使用数控机床加工零件时，程序编制是一项重要的工作。迅速、正确而经济地完成程序编制工作，对于有效地使用数控机床是具有决定意义的。

2. 数控编程的内容和工作过程

如图 1-1 所示，数控程序的编制应该有如下几个过程：

（1）分析零件图，确定工艺过程 要分析零件的材料、形状、尺寸、精度及毛坯形状和热处理要求等，以便确定加工该零件的设备，甚至要确定在某台数控机床上加工该零件的哪些工序或哪几个表面。确定零件的加工方法、加工顺序、走刀路线、装夹定位方法、刀具及合理的切削用量等工艺参数。

（2）数值计算　根据零件图和确定的加工路线，计算数控机床所需输入的数据，如零件轮廓基点坐标、节点坐标等的计算。

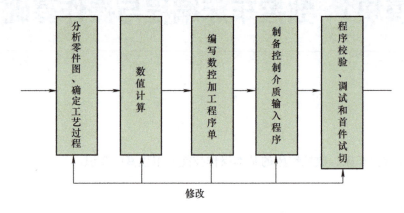

图 1-1　数控编程的内容和步骤

（3）编写数控加工程序单　根据加工工艺路线、零件轮廓数据和已确定的切削用量，按照数控系统规定的程序段格式，编写零件加工程序单。此外，还应填写有关的工艺文件，如数控加工工序卡片、数控刀具卡片、工件装夹和零点设定等。

（4）制备控制介质输入程序　按加工程序单将程序内容记录在控制介质（如 CF 卡、U 盘等）上作为数控装置的输入信息。输入程序有手动数据输入、介质输入、通信输入等方式。

（5）程序校验、调试和首件试切　可通过模拟软件来模拟实际加工过程，或将程序输入到机床数控装置后进行空运行，或通过首件试加工等多种方式来检验所编制的程序。若发现错误则应及时修正，直到程序正确无误为止。

3. 数控编程方法

数控程序的编制方法有手工编程和自动编程两种。

（1）手工编程　从分析零件图及确定工艺过程、数值计算、编写数控加工程序单、制备控制介质输入程序、直至程序的校验等各个步骤均由人工完成，即手工编程。对于点位加工或几何形状不太复杂的零件来说，编程计算较简单，程序量不大，可采用手工编程实现。这时，手工编程相对经济而且便捷。而对于形状复杂的零件，计算工作量大且非常复杂，手工编程困难、甚至无法实现，则必须采用自动编程的方法。

（2）自动编程　编程工作的大部分或全部由计算机完成的过程称为自动编程，或称为计算机辅助编程。按照计算机辅助编程输入方式的不同，可分为语言输入方式和图形输入方式两种。语言输入方式是指加工零件的几何尺寸、工艺方案、切削参数等用数控语言编写成源程序后，输入到计算机或编程机中，用相应软件处理后得到零件加工程序的编程方式，如美国的 APT 系统等。图形输入方式是指将被加工零件的几何图形及相关信息直接输入到计算机并在显示器上显示出来，再通过相应的 CAD/CAM 软件，经过人与计算机图形交互处理，最终得到零件的加工程序。随着计算机技术的不断发展，CAD/CAM 软件技术体现出了更大的优越性。因此，它成了现代数控加工编程的主流技术。目前，常见的 CAD/CAM 一体化软件有 CATIA、NX、Creo、MasterCAM、SolidWorks、CAXA 制造工程师等。

自动编程的特点就在于编程效率高、编程误差小、编程费用低等、可解决复杂形状零件的编程难题。

1.1.2　数控机床的组成及工作原理

1. 数控机床的组成

数控机床的组成框图如图1-2所示，主要由输入/输出装置、数控装置、伺服驱动系统、位置、速度检测反馈装置和机床本体等组成。

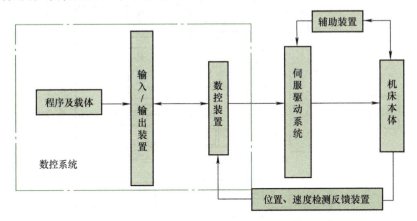

图1-2　数控机床组成框图

（1）输入/输出装置　输入/输出装置的主要功能是编制程序、输入程序和数据、打印和显示。这一部分的硬件，简单的情况下可能只有键盘和发光二极管显示器；一般的可再加输入机、人机对话编程操作键盘和CRT显示器；目前，通常还包含一套自动编程机或CAD/CAM系统。

（2）数控装置　数控装置是数控设备的控制核心。它是接收操作者输入的程序和数据，进行分类、译码和存储，并按要求完成数值计算、逻辑判断、输入输出控制、轨迹插补等功能。数控装置一般由一台专用计算机或通用计算机、输入输出接口以及机床控制器（可编程序控制器）等部分组成。机床控制器主要用于实现对机床辅助功能（M）、主轴转速功能（S）和换刀功能（T）的控制。

（3）伺服驱动系统　伺服驱动系统包括伺服控制电路、功率放大电路、伺服电动机。其主要功能是接收数控装置插补运算产生的信号指令，经过功率放大和信号分配，驱动机床伺服电动机运动。伺服电动机可以是步进电动机、直流伺服电动机或交流伺服电动机。

（4）位置、速度检测反馈装置　该装置由检测部件和相应的检测电路组成，其作用是检测速度和位移，并将信息反馈给数控装置，构成闭环控制系统。常用的检测部件有脉冲编码器、旋转变压器、感应同步器、光栅和磁尺等。

（5）机床本体　机床本体是被控制的对象，是实现零件加工的执行部件，是数控机床的主体，包括床身、立柱、主轴、进给机构等机械部件。

另外，为了保证数控机床功能的充分发挥，还有一些配套的辅助控制装置（如冷却、排屑、防护、润滑、照明、储运和对刀仪等）。

2. 数控机床的工作原理

当使用机床加工零件时，通常需要对机床的各种动作进行控制，一是控制动作的先后次序，二是控制机床各运动部件的位移量和运动速度。采用数控机床加工零件时，只需要将零件图形和工艺参数、加工步骤等以数字信息的形式，编成程序代码输入到机床控制系统中，再由其进行运算处理后转换成驱动伺服机构的指令信号，从而控制机床各部件协调动作，自动地加工零件。当更换加工对象时，只需要重新编写加工程序，即可由数控装置自动控制加工的全过程，能较方便地加工出不同的零件。数控加工原理框图如图 1-3 所示。

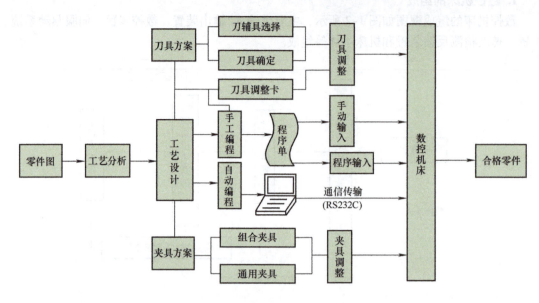

图 1-3　数控加工原理框图

从图 1-3 可以看出，数控加工过程总体上可分为数控程序编制和机床加工控制两大部分。数控机床的控制系统一般都能按照数控程序指令控制机床实现主轴自动起停、换向和变速，能自动控制进给速度、方向和加工路线来进行加工，能选择刀具并根据刀具尺寸调整进给量及运动轨迹，能完成加工中所需要的各种辅助动作。

1.1.3　数控机床的分类

数控设备五花八门、品种繁多，目前已多达 500 多种，图 1-4 ~ 图 1-9 为目前较新型的数控车床。

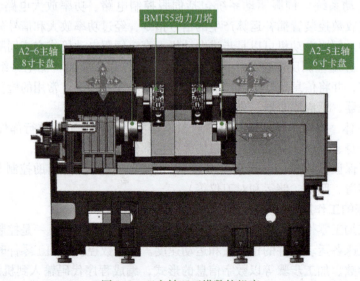

图 1-4　双主轴双刀塔数控机床

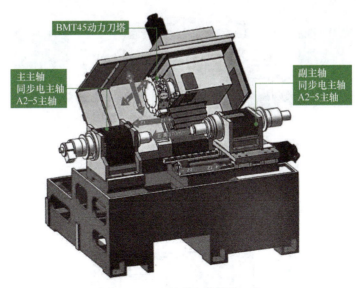

图 1-5　双主轴单刀塔数控机床

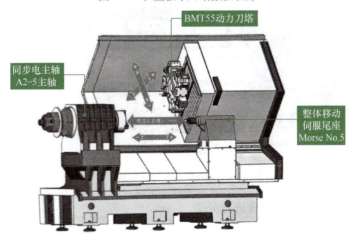

图 1-6　车铣复合数控车床

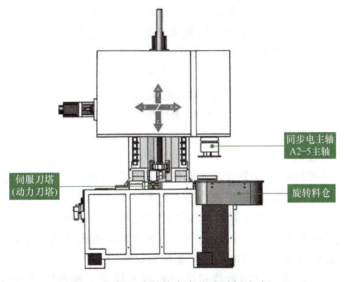

图 1-7　倒立式数控车床（自动抓取式）

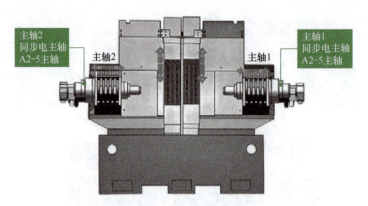

图 1-8　双主轴对接数控车床

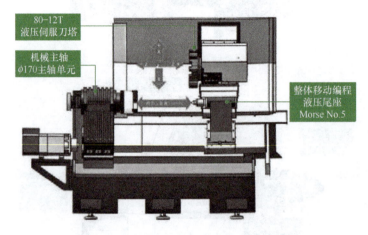

图 1-9　斜床身刀塔尾座线轨数控车床

数控设备通常从以下不同角度进行分类。

1. 按工艺用途分类

（1）切削加工类数控机床　此类数控机床是指具有切削加工功能的数控机床，如数控车床、数控铣床、数控钻床、数控镗床、数控磨床、加工中心等。

（2）成形加工类数控机床　此类数控机床是指具有通过物理方法改变工件形状功能的数控机床，如数控折弯机、数控弯管机、数控组合冲床、数控回转头压力机等。

（3）特种加工类数控机床　此类数控机床是指具有特种加工功能的数控机床，如数控电火花加工机床、数控线切割机床、数控激光切割机等。

（4）其他类型的数控机床　此类数控机床是指一些广义上的数控机床，如火焰切割机、数控三坐标测量机、工业机器人等。

2. 按运动轨迹的控制方式分类

（1）点位控制数控机床　这类数控机床的数控装置仅能控制两个坐标轴带动刀具或工作台，从一个点（坐标位置）准确快速地移动到下一个点（坐标位置），然后控制第三个坐标轴进行钻、镗等切削加工。它具有较高的位置定位精度，在移动过程中不进行切削加工，因此对其运动轨迹没有要求，如图 1-10a 所示。这类数控机床主要用于加工平面内的孔系，主要有数控钻床、数控镗床、数控冲床、三坐标测量机等。

（2）直线控制数控机床　这类数控机床可控制刀具或工作台以适当的进给速度，从一个点沿一条直线准确地移动到下一个点，移动过程中进行切削加工，根据切削条件，进给速度可在一定范围内调节，如图1-10b所示。这类机床常见的有数控车床、数控磨床、数控镗铣床等。

（3）轮廓控制数控机床 这类数控机床具有控制几个坐标轴同时协调运动，即多坐标联动的能力，使刀具相对于工件按程序规定的轨迹和速度运动，能在运动过程中进行连续切削加工，如图1-10c所示。这类数控机床有用于加工曲线和曲面形状零件的数控车床、数控铣床、加工中心等。现代的数控机床基本上都是这种类型。

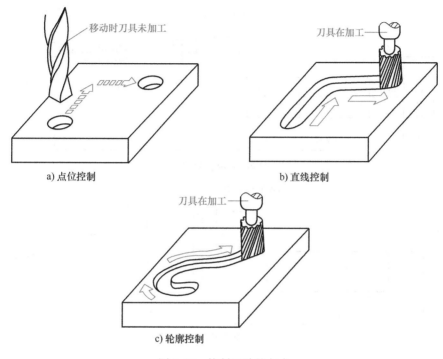

a) 点位控制   b) 直线控制

c) 轮廓控制

图1-10 控制运动的方式

3. 按伺服驱动系统的类型分类

（1）开环控制数控机床 这类数控机床采用开环进给伺服系统，如图1-11a所示。开环进给伺服系统没有位置检测反馈装置，信号流是单向的（数控装置进给系统），故系统稳定性较好，但由于没有位置反馈，精度不高（相对于闭环控制），其精度主要取决于伺服驱动系统和机械传动机构的性能和精度。该系统一般以步进电动机作为伺服驱动元件，采用脉冲增量插补法进行轨迹控制。这类数控系统具有结构简单、工作稳定、调试方便、维修容易、价格低廉等优点，在精度和速度要求不高、驱动力矩不大的场合得到广泛应用。

（2）闭环控制数控机床 这类数控机床采用闭环进给伺服系统，如图1-11b所示，它直接对工作台的实际位置进行检测。理论上讲，闭环进给伺服系统可以消除整个驱动和传动环节的误差、间隙和振动量，具有很高的位置控制度。但由于位置环内的许多机械传动环节的摩擦特性、刚性和间隙都是非线性的，很容易造成系统不稳定，因此闭环控制系统的设计、安装和调试都有相当的难度，对其组成环节的精度、刚性和动态特性等都有较高的要求，价格昂贵。这类系统主要用于精度要求很高的镗铣床、超精车床、超精磨床以及较大型的数控机床等。

（3）半闭环控制数控机床 这类数控机床采用半闭环数控系统，如图1-11c所示。半

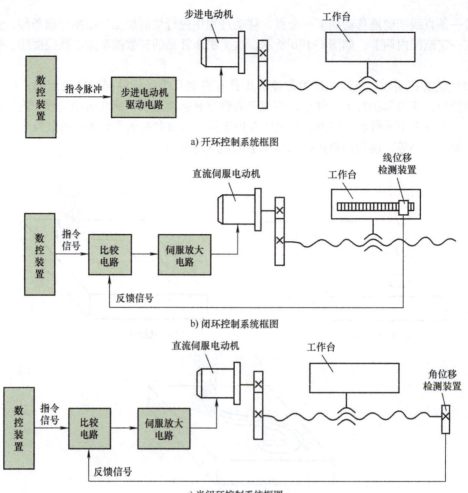

图 1-11 伺服驱动系统类型

闭环控制系统的位置检测点是从驱动电动机（常用交直流伺服电动机）或丝杠端引出，通过检测电动机或丝杠旋转角度来间接检测工作台的位移量，而不是直接检测工作台的实际位置。由于在半闭环环路内不包括或只包括少量机械传动环节，可获得较稳定的控制性能，其系统稳定性虽不如开环系统，但比闭环系统要好。另外，在位置环内各组成环节的误差可得到某种程度的纠正，位置环外不能直接消除的如丝杠螺距误差、齿轮间隙引起的运动误差等，可通过软件补偿这类误差来提高运动精度，因此在现代数控机床中得到了广泛应用。

1.1.4 数控机床的坐标系

1. 坐标轴及其运动方向的规定

（1）坐标系 机床的一个直线进给运动或一个旋转进给运动定义一个坐标轴。我国标准 GB/T 19660—2005（与国际标准 ISO 841：2001 等效）中，规定数控机床的坐标系采用右手笛卡儿坐标系统，即直线进给运动用直角坐标系 X、Y、Z 表示，常称为基本坐标系。X、Y、Z 坐标的相互关系用右手定则确定，拇指为 X 轴，食指为 Y 轴，中指为 Z 轴，三个手指自然伸开，互相垂直，其各手指指向为各轴正方向，并分别用 $+X$、$+Y$、$+Z$ 来表示。围绕 X、Y、Z 轴旋转的转动轴分别用 A、B、C 坐标表示，其正向根据右手螺旋定则确定，拇指指向 X、Y、Z 轴的正方向，四指弯曲的方向为各旋转轴的正方向，并分别用 $+A$、$+B$、$+C$ 来表示，如图 1-12 所示。

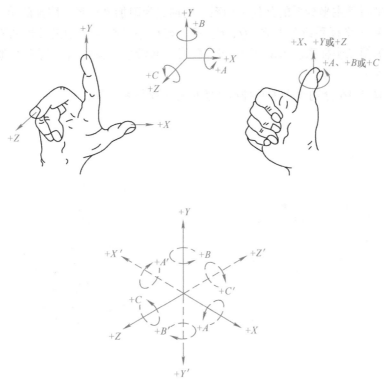

图 1-12　右手笛卡儿坐标系

数控机床的进给运动是相对运动,有的是刀具相对于工件的运动,有的是工件相对于刀具的运动。为了使编程人员能在不知道刀具相对于工件运动、还是工件相对于刀具运动的情况下,按零件图要求编写出加工程序,统一规定永远假定刀具相对于静止的工件运动,机床的某一运动部件的运动正方向,为工件与刀具间距离增大的方向。规定数控机床坐标轴及运动方向是为了准确地描述机床运动,简化程序编制,使所编程序具有互换性。

(2)机床坐标轴的确定方法

1)首先确定 Z 坐标。规定传送切削动力的主轴作为 Z 坐标轴,取刀具远离工件的方向为正方向($+Z$)。对于没有主轴的机床(如刨床),则规定垂直于工件装夹表面的坐标为 Z 坐标。如果机床上有几根主轴,则选垂直于工件装夹表面的一根主轴作为主要主轴。 Z 坐标即为平行于主要主轴轴线的坐标。

2)确定 X 坐标。规定 X 坐标轴为水平方向,且垂直于 Z 轴并平行于工件的装夹面。对于工件旋转的机床(如车床、外圆磨床等), X 坐标的方向是在工件的径向上,且平行于横向滑座。同样,取刀具远离工件的方向为 X 坐标的正方向。对于刀具旋转的机床(如铣床、镗床等),则规定:当 Z 轴为水平时,从刀具主轴后端向工件方向看,向右方向为 X 轴的正方向;当 Z 轴为垂直时,对于单立柱机床,面对刀具主轴向立柱方向看,向右方向为 X 轴的正方向。

3)确定 Y 坐标。 Y 坐标轴垂直于 X 、 Z 坐标轴。在确定了 X 、 Z 坐标的正方向后,可按右手定则确定 Y 坐标的正方向。

4)确定 A 、 B 、 C 坐标。 A 、 B 、 C 坐标分别为绕 X 、 Y 、 Z 坐标轴的回转进给运动坐标。在确定了 X 、 Y 、 Z 坐标的正方向后,可按右手定则来确定 A 、 B 、 C 坐标的正方向。

5)附加运动坐标。 X 、 Y 、 Z 为机床的主坐标系或称第一坐标系。例如,除了第一坐标系以外，还有平行于主坐标系的其他坐标系，则称之为附加坐标系。附加的第二坐标系命名为 U、V、W。第三坐标系命名为 P、Q、R。第一坐标系是指与主轴最接近的直线运动坐标系，稍远的即为第二坐标系。若除了 A、B、C 第一回转坐标系以外，还有其他的回转运动坐标，则命名为 D、E 等。

图 1-13～图 1-16 分别给出了几种典型机床标准坐标系简图。

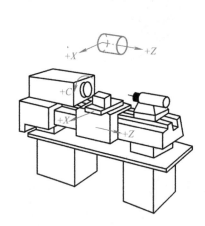

图 1-13　卧式数控车床坐标系

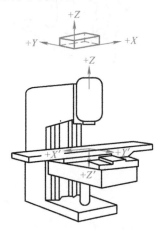

图 1-14　立式升降台数控铣床坐标系

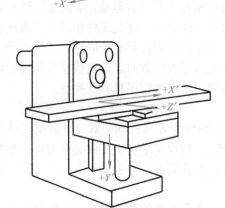

图 1-15　卧式升降台数控铣床坐标系

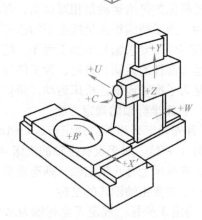

图 1-16　卧式数控镗铣床坐标系

2. 机床坐标系

机床坐标系是机床上固有的坐标系，机床坐标系的原点也称为机床原点、机械原点，用"M"表示，如图 1-17 所示。它是由机床生产厂家在机床出厂前设定好的、在机床上的固有的点，它是机床生产、安装、调试时的参考基准，不能随意改变。例如，数控车床的机床原点大多定在主轴前端面的中心处；数控铣床的机床原点大多定在各轴进给行程的正极限点处（也有个别会设定在负极限点处）。机床坐标系是通过回参考点操作来确立的。

3. 参考坐标系

参考坐标系是为确定机床坐标系而设定的机床上的固定坐标系，其坐标原点称为参考

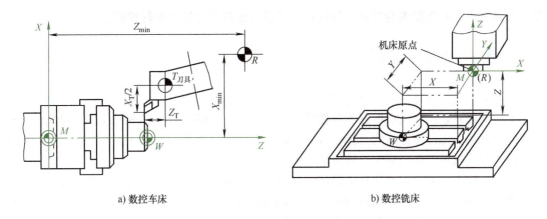

a) 数控车床　　　　　　　　　　　b) 数控铣床

图 1-17　机床坐标系及原点

点，参考点位置一般都在机床坐标系正向的极限位置处。

参考点可以与机床坐标原点不重合（如数控车床），也可以与机床原点重合（一般是数控铣床），是对机床工作台（或滑板）与刀具相对运动的测量系统进行定标与控制的点，一般都是设定在各轴正向行程极限点的位置上，用"R"表示，如图 1-17 所示。机床坐标系就是通过回参考点操作来确立的。参考点的位置是在每个轴上用挡块和限位开关精确地预先调整好的，它相对于机床原点的坐标是一个已知数、一个固定值。每次开机后，或因意外断电、急停等原因停机而机床重新起动时，都必须先让各轴返回参考点，进行一次位置校准，以消除机床位置误差。

4. 工件坐标系

工件坐标系是编程人员在编程时使用的坐标系，也称编程坐标系或加工坐标系。工件坐标系原点称为工件原点或编程原点，用"W"表示。工件坐标系是由编程人员根据零件图样自行确定的，对于同一个加工工件，不同的编程人员确定的工件坐标系会不相同。工件原点设定的一般原则如下：

1）工件原点应选在零件图样的尺寸基准上。这样可以直接用图样标注的尺寸，作为编程点的坐标值，减少数据换算的工作量。

2）能方便地装夹、测量和检验工件。

3）尽量选在尺寸精度高、表面粗糙度值比较小的工件表面上，这样可以提高工件的加工精度和同批零件的一致性。

4）对于有对称几何形状的零件，工件原点最好选在对称中心上。车床的工件原点一般设在主轴中心线上，大多定在工件的左端面或右端面。铣床的工件原点，一般设在工件外轮廓的某两个角上或工件对称中心处；背吃刀量方向上的零点，大多取在工件上表面，如图 1-17 所示。对于形状较复杂的工件，有时为编程方便可根据需要通过相应的程序指令随时改变新的工件坐标原点。在一个工作台上装夹加工多个工件时，在机床功能允许的条件下，可分别设定工件原点（编程原点）独立地编程，再通过工件原点预置的方法，在机床上分别设定各自的工件坐标系。

5. 绝对坐标编程和相对坐标编程

数控编程通常都是按照组成图形的线段或圆弧的端点的坐标来进行的。当运动轨迹的终点坐标是相对于线段的起点来计量时，称之为相对坐标或增量坐标表达方式。若按这种方式进行编程，则称之为相对坐标编程。当所有坐标点的坐标值均从某一固定的坐标原点计算时，就称之为绝对坐标表达方式，按这种方式进行编程即为绝对坐标编程。

1.2 数控车床编程基础

1.2.1 数控车床工件坐标系的建立

工件坐标系是编程人员根据零件图特点和尺寸标注的情况，为了方便计算编程坐标值而建立的坐标系。工件坐标系的坐标轴方向，必须与机床坐标系的方向一致，因此，工件坐标系的设定其实就是工件坐标原点的设定。

机床坐标系是生产厂家在制造机床时设置的固定坐标系，通过开机回参考点来确认。

如图 1-18 所示，车床的机床原点一般取卡盘端面法兰盘与主轴轴线的交点处。数控车削零件的工件坐标系原点一般位于零件右端面或左端面与轴线的交点上。

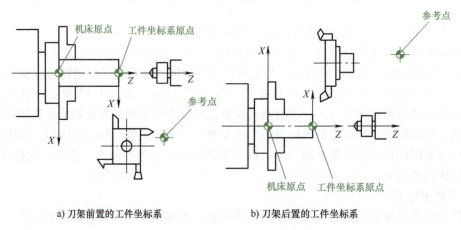

a) 刀架前置的工件坐标系   b) 刀架后置的工件坐标系

图 1-18　机床坐标系与工件坐标系

常见的确定工件坐标系的方法及其具体操作过程如下。

1. 用 G50 设置工件坐标系原点

G50 建立工件坐标系，是通过设定刀具起始点在工件坐标系中的坐标值来建立的。也就是通过实际测得刀位点在开始执行程序时，在工件坐标系的位置坐标值后，通过程序中的 G50 指令设定的方法建立工件坐标系。

编程格式：G50 X ＿ Z ＿ ；

其实 G50 指令实现的功能是一种反求方法。通过 G50 指令后面的刀位点 "X ＿ Z ＿" 坐标值，使数控系统推算出工件坐标系原点的位置。

例如，如果机床为后置刀架，刀位点停在 A 点位置，当程序执行 "G50 X200 Z300 ；" 指令时，系统建立如图 1-19 所示工件坐标系原点为 O 点，并且刀位点在工件坐标系的坐标为（200，300），其中 X 轴为直径编程。

2. 用 T××× 试切对刀确定工件坐标系原点

试切法对刀是通过试切工件来获得刀位点在试切点的偏置量（简称刀偏量），将刀偏值输入机床参数刀具偏置表中、并通过运行 T 指令来获得工件坐标系的方法。其实质就是测出各把刀的刀位点到达工件坐标原点时，相对机床原点（参考点）的位置偏置量。下面以外圆车刀为例，机床为前置刀架，简述试切法建立工件坐标原点的具体操作。

（1）X 轴对刀　用 1 号刀车削工件外圆。车外圆后，X 轴不能移动（保持坐标不变），

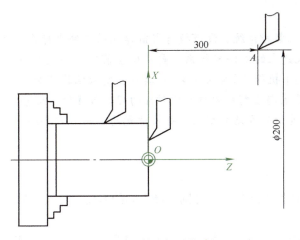

图 1-19　工件坐标系的建立

沿 *Z* 轴正向退出后主轴停转。测量出工件外圆直径实际值为（ϕ56.4850mm），如图 1-20 所示。随后打开刀具偏置补偿"工具补正/形状"界面，将光标选中该刀所对应的番号"G ＿ 01"（通常选此番号同刀位号），输入已测量的直径实际值为"X56.4850"。再按软键盘上的"测量"就完成 *X* 轴对刀，系统自动计算得出 *X* 轴偏置值为"－178.333"。

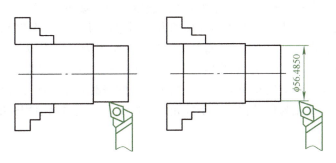

图 1-20　*X* 轴对刀

　　（2）*Z* 轴对刀　用1号刀车削工件右端面，*Z* 轴保持坐标不变，沿 *X* 轴正向退出后主轴停转，如图 1-21 所示。测量工件坐标系的原点与刀位点在 *Z* 轴的距离，已知为 0。打开刀具偏置补偿"工具补正/形状"界面，将光标选中该刀所对应的刀号番号"G ＿ 01"，输入测量的距离"Z0"，再按软键盘上的"测量"就完成 *Z* 轴对刀，系统自动求得 *Z* 轴偏置值为"－461.500"。

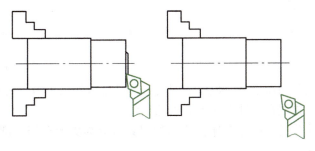

图 1-21　*Z* 轴对刀

注意：

1）对刀完毕时，数控系统并没有执行当前建立的工件坐标系，因此显示屏上显示的工件坐标系仍是上次建立的工件坐标系。要实现当前的工件坐标系，就必须在 MDI 方式下，或自动运行方式下执行"T××××"。其中，前两位的"××"代表当前的刀位号，后两位的"××"代表与当前的刀位号所对应的刀具偏置值地址号。

2）由于刀架上其他刀具结构形状、安装位置的不同，需要逐一对刀，对刀方法与上述类似。

1.2.2 数控车床常用刀具及量具

车削加工有粗、精加工之分，应分别选择不同的刀具，每把刀都有特定的刀具号，以便数控系统识别。

刀具的选择是数控车削加工工艺设计的重要内容之一。为了适应数控车床加工精度高、加工效率高、加工工序集中及工件装夹次数少等要求，数控车床所用刀具不仅要求其刚性好、切削性能好、寿命长，而且要求安装调整方便。常用刀具及量具见二维码 1-1。

二维码 1-1　常用刀具
及量具介绍

1. 车刀的类型

（1）按车刀结构分类　车刀可分为整体式、焊接式及机械夹紧（机夹）式三大类。整体式车刀主要是整体式高速钢车刀，如图 1-22a所示；焊接式车刀是将硬质合金刀片用焊接的方法固定在刀体上，经刃磨而成，如图 1-22b所示；机夹式车刀是数控车床上用得比较多的一种车刀，它分为机夹式可重磨车刀（图 1-22c）和机夹式可转位车刀（图 1-22d）。在数控车床的加工过程中，通常根据被加工零件的结构来选择车刀的类型及角度。为了减少车刀的修磨时间和换刀时间，方便对刀，便于实现机械加工的标准化与自动化，在条件允许的情况下，应尽量使用标准化的机夹式可转位刀具。

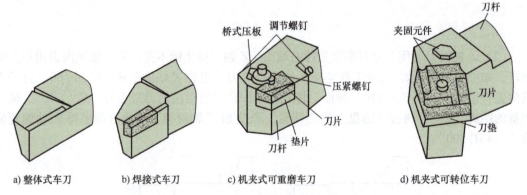

a) 整体式车刀　　b) 焊接式车刀　　c) 机夹式可重磨车刀　　d) 机夹式可转位车刀

图 1-22　按刀具结构分类的数控车刀

（2）按加工部位和用途分类　数控车床用刀具可分为外圆车刀、内孔车刀、螺纹车刀、切断（槽）车刀等，常用车刀种类如图 1-23 所示。

（3）按刀尖形状分类　数控车床上使用的刀具可分为尖形车刀、圆弧形车刀、成形车刀等，如图 1-24 所示。

1）尖形车刀是以直线形切削刃为特征的车刀。这种车刀的刀尖（同时也是其刀位点）

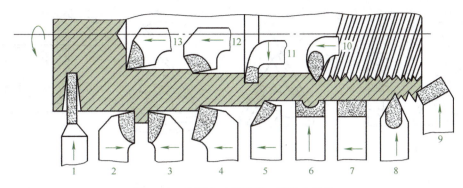

图 1-23　常用车刀的种类、形状和用途

1—切断（槽）车刀　2—90°反（左）偏刀　3—90°正（右）偏刀　4—弯头车刀　5—直头车刀
6—成形车刀　7—宽刃精车刀　8—外螺纹车刀　9—端面车刀　10—内螺纹车刀
11—内切槽车刀　12—通孔车刀　13—不通孔车刀

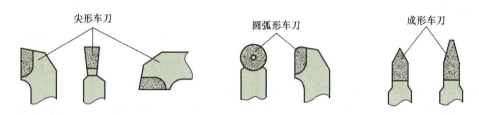

图 1-24　按刀尖形状分类的数控车刀

由直线形的主、副切削刃构成，如 90°内外圆车刀、左右端面车刀、切断（槽）车刀、其他刀尖倒棱很小的各种外圆和内孔车刀。

2）圆弧形车刀的特征是，构成主切削刃的形状为圆度误差或线轮廓误差很小的圆弧，该圆弧状刃每一点都是圆弧形车刀的刀尖。因此，刀位点不在圆弧上，而在该圆弧的圆心上。圆弧形车刀可以用于车削内、外表面，特别适合于车削各种光滑连接（凹形）的成形面。

3）成形车刀加工零件时，其轮廓形状完全由车刀切削刃的形状和尺寸决定。常见的成形车刀有小半径圆弧车刀、非矩形车槽刀和螺纹车刀等。

2. 机夹式可转位车刀刀片形状的选择

在数控车床的加工过程中，为了减少换刀时间和方便对刀，便于实现加工自动化，应尽量选用机夹式可转位刀片。常见的几种刀片形状如图 1-25 所示，主要根据被加工零件的表面形状、切削方法、刀具寿命和刀片的转位次数等因素选取。

> **注意**：虽然有些刀片的形状和刀尖角度相等，但由于同时参加切削的切削刃数不同，其型号也不相同；虽然有些刀片的形状相似，但其刀尖角度不同，其型号也不相同。

3. 机夹式可转位车刀的选择

通常根据被加工零件的结构来选择车刀的类型和角度。数控车削加工时，为了减少车刀的修磨和换刀时间，便于实现机械加工的标准化，在条件允许的情况下，应尽量选用标准化的机夹式可转位车刀。在实际生产中，数控车刀主要根据数控车床回转刀架的刀具安装表中工件材料、加工类型、加工要求及加工条件从刀具样本中查表确定，其步骤大致如下：

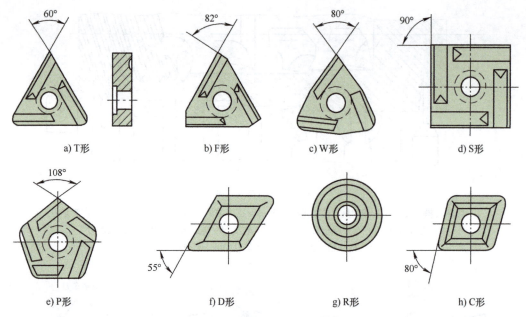

a) T形   b) F形   c) W形   d) S形

e) P形   f) D形   g) R形   h) C形

图 1-25　部分数控刀具的形状和名称

1）确定工件材料和加工类型（外圆、孔或螺纹）。

2）根据粗、精加工要求和加工条件确定刀片的牌号和几何槽形。

3）根据刀架尺寸、刀片类型和尺寸选择刀杆。

4. 刀具的安装

在选择好合适的刀片和刀杆后，首先将刀片安装在刀杆上，再将刀杆依次安装到回转刀架上，之后通过刀具干涉图和加工行程图检查刀具安装尺寸。刀具安装见二维码 1-2。

二维码 1-2　刀具安装

在刀具安装过程中应注意以下问题：

1）安装前保证刀杆及刀片定位面清洁，无损伤。

2）将刀杆安装在刀架上时，应保证刀杆方向正确。车刀刀杆中心线应与进给方向垂直，如图 1-26 所示，否则会使主偏角和副偏角的数值发生变化，如螺纹车刀安装歪斜会使螺纹牙型半角产生误差。车刀垫铁要平整，数量要少，垫铁应与刀架对齐。车刀至少要用两个螺钉压紧在刀架上，并逐个轮流拧紧。

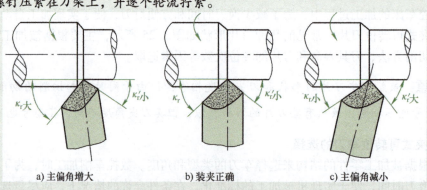

a) 主偏角增大   b) 装夹正确   c) 主偏角减小

图 1-26　车刀装偏对主副偏角的影响

3）车刀刀尖应与车床主轴轴线等高。当车刀刀尖高于工件轴线时，后角减小，增大了车刀后刀面与工件间的摩擦；当车刀刀尖低于工件轴线时，前角减小，切削力增大，切削不顺利，如图1-27所示。

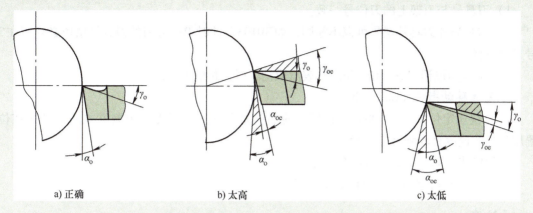

　　　a）正确　　　　　　　　　　　b）太高　　　　　　　　　　　c）太低

图1-27 装刀高低对前后角的影响

4）车刀刀头伸出长度一般以刀杆厚度的1.5~2倍为宜。车刀安装在刀架上，伸出部分不宜太长，伸出过长会使刀杆刚度变差，切削时易产生振动，影响工件的表面质量。

1.2.3 数控车床常用功能指令

不同的数控系统，其编程指令有所不同，这里以 FANUC 0i Mate 系统为例介绍数控车床的基本编程指令。

1. F、S、T 功能

（1）进给功能（F功能）

1）每分钟进给模式（G98）。

编程格式：G98 F＿；

其中，F 后面的数字表示的是主轴每分钟进给量$^{\ominus}$，单位为 mm/min。G98 为模态指令，在程序中指定后一直有效，直到程序段中出现 G99 指令来取消它。另外，G98 模态指令是系统默认指令。

2）每转进给模式（G99）。

编程格式：G99 F＿；

其中，F 后面的数字表示的是主轴每转进给量，单位为 mm/r。G99 为模态指令，在程序中指定后一直有效，直到程序段中出现 G98 指令来取消它。

（2）主轴转速功能（S功能）　S 功能指令用于控制主轴转速。

编程格式：S＿；

其中，S 后面的数字表示主轴转速，单位为 r/min。

（3）刀具功能（T功能）　T 功能指令用于选择加工所用刀具。

编程格式：T×× （T××××）；

其中，T 后面的两位数表示所选择的刀具号。当 T 后面为四位数字时，前两位数字是刀

$\ominus$ 数控系统中统一称进给速度。

具号，后两位是刀具补偿号。

例：T0303 表示选用 3 号刀及 3 号刀具补偿值。

该指令主要用于设置刀具几何位置补偿值来确定工件坐标系。在使用时注意：

1）刀具号与刀架上的刀位号一致。

2）刀具号和刀具补偿号可以不相同，如 T0103，此时 T01 号刀的刀具补偿值必须写在 3 号刀补位置上。

T××00 为取消刀具补偿，T0300 表示取消 3 号刀位的刀补。

2. 基本移动指令（G00、G01）

（1）**快速定位指令**（G00）　该指令的功能是要求刀具以点为控制方式从刀具所在位置用最快的速度移动到指定位置。

编程格式：G00 X（U）__ Z（W）__；

其中，X（U）、Z（W）为目标点坐标值。

> 📢 **注意**：
>
> 1）执行该指令时，刀具以机床规定的进给速度从所在点以点位控制方式移动到目标，移动速度不能由程序指令设定，它的速度已由生产厂家预先调定。若编程时设定了进给速度 F，则 G00 程序段无效。
>
> 2）G00 为模态指令，只有遇到同组指令时才会被取消。
>
> 3）X、Z 后面是绝对坐标值，U、W 后面是增量坐标值。
>
> 4）常见的数控车床 G00 轨迹如图 1-28 所示，从 A 到 B 有直线 AB、折线 ACB、折线 ADB 和折线 AEB 四种方式，采用哪条路径取决于各个坐标轴的脉冲当量。因此，在使用 G00 指令时要注意刀具是否和工件及夹具发生干涉，如果忽略这一点，就容易发生碰撞，而在快速状态下的碰撞就更加危险。
>
> 如图 1-29 所示，要实现从起点 A 快速移动到目标点 C，其绝对值编程方式为：
>
> G00 X141.2 Z98.1；
>
> 其增量编程方式为：
>
> G00 U91.8 W73.4；

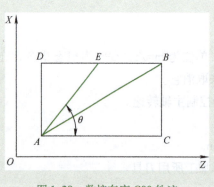

图 1-28　数控车床 G00 轨迹

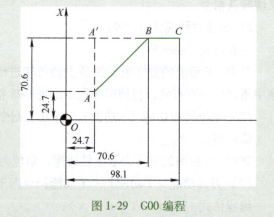

图 1-29　G00 编程

（2）**直线插补**（G01）　该指令是使刀具以给定的速度，从所在点出发，直线移动到目标点。

编程格式：G01 X(U)__ Z(W)__ F __；

其中，X(U)、Z(W)为目标点坐标，F为进给速度。

> **注意：**
>
> 1）G01指令是模态指令，必须由同组指令来取消。
>
> 2）G01指令进给速度由模态指令F决定。如果在G01程序段之前的程序段中没有F指令，而当前的G01程序段中也没有F指令，则机床不运动。因此，为保险起见，G01程序段中必须含有F指令。
>
> 3）G01指令前若出现G00指令，而该程序段中未出现F指令，则G01指令的移动速度按照G00指令的速度执行。

【例1-1】　加工图1-30所示的零件，选右端面 O 点为编程原点。加工程序见表1-1。

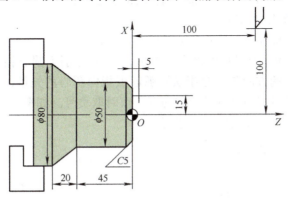

图1-30　直线编程实例

表1-1　直线编程实例的加工程序

绝对值编程	增量值编程
O0101	O0102
T0101；	T0101；
G97 G99 S400 M03；	G97 G99 S400 M03；
M08；	M08；
G00 X200 Z100；	G00 X200 Z100；
X30 Z5；	U－170 W－95；
G01 X50 Z－5 F0.3；	G01 U20 W－10 F0.3；
Z－45；	W－40；
X80 Z－65；	U30 W－20；
G00 X100；	G00 U20，
Z5；	G00 W70；
X200 Z100；	G00 X200 Z100；
M09；	M09；
M05；	M05；
M30；	M30；

3. 圆弧插补指令（G02、G03）

圆弧插补指令使刀具在指定平面内按给定的进给速度做圆弧运动、切削出母线为圆弧曲线的回转体。顺时针圆弧插补用G02指令，逆时针圆弧插补用G03指令。数控车床是两坐标的数控机床，只有 X 轴和 Z 轴，在判断圆弧的逆、顺方向时，应按右手定则将 Y 轴也加以考虑。观察者让 Y 轴的正向指向自己，即可判断圆弧的逆、顺方向。注意前置刀架与后置刀架的区别。

加工圆弧时，经常有两种方法，一种是采用圆弧的半径和终点坐标来编程，另一种是采用分矢量和终点坐标来编程。

（1）用圆弧半径 R 和终点坐标进行圆弧插补

编程格式：G02/G03 X（U）__ Z（W）__ R __ F __；

其中，X（U）和 Z（W）为圆弧的终点坐标值，R 为圆弧半径，由于在同一半径的情况下，从圆弧的起点 A 到终点 B 有两个圆弧的可能性，为区分两者，规定圆弧对应的圆心角小于等于180°时，用"＋R"表示；反之，用"－R"表示。图 1-31a 所示的圆弧 1 所对应的圆心角为120°，所以圆弧半径用"＋20"表示；图 1-31a 中的圆弧 2 所对应的圆心角为240°，所以圆弧半径用"－20"表示。F 为加工圆弧时的进给量。

（2）用分矢量和终点坐标进行圆弧插补

编程格式：G02/G03 X（U）__ Z（W）__ I __ K __ F __；

其中，X（U）和 Z（W）为圆弧的终点坐标值，I、K 分别为圆心相对圆弧起点的增量坐标，有正负之分，圆弧的方向矢量是指从圆弧起点指向圆心的矢量，然后将其在 X 轴和 Z 轴上分解，当分矢量的方向与坐标轴的方向不一致时取负号。如图 1-31b 所示，图中所示 I 和 K 均为负值。F 为加工圆弧时的进给速度。

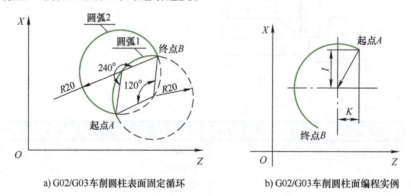

a) G02/G03车削圆柱表面固定循环   b) G02/G03车削圆柱面编程实例

图 1-31　圆弧表示

【例 1-2】　加工图 1-32 所示的手柄，选右端面 O 点为编程原点。用上述两种圆弧插补指令编程。

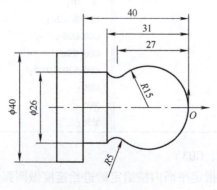

图 1-32　手柄

粗车程序见表1-2。

表1-2　例1-2 粗车程序

使用半径 R 编程方式	使用 IJK 编程方式
O0103	O0104
T0101；	T0101；
G97 G99 M03 S800；	G97 G99 M03 S800；
M08；	M08；
G00 X40 Z5；	G00 X40 Z5；
G00 X0；	G00 X0；
G01 Z0 F0.3；	G01 Z0 F0.3；
G03 U24 W－24 R15；（使用半径 R 编程方式）	G03 U24 W－24 I0 K－15；（使用 IJK 编程方式）
G02 X26 Z－31 R5；	G02 X26 Z－31 I4 K－3；
G01 Z－40；	G01 Z－40；
X42；	X42；
Z－45.；	Z－45；
Z5.；	G00 Z5；
M09；	M09；
M05；	M05；
M30；	M30；

4. 暂停指令（G04）

用 G04 指令常用于车槽、镗平面、孔底光整及车台阶轴清根等场合，可使刀具进行短时间的无进给光整加工，以提高表面加工质量。执行该程序段后暂停一段时间，当暂停时间过后，继续执行下一段程序。

编程格式：G04 X(P)＿；

其中，X(P)为暂停时间。X 后的数字用小数表示，单位为 s；P 后的数字用整数表示，单位为 ms。

例：G04 X2.0 表示暂停 2s；G04 P1000 表示暂停 1000ms。

5. 辅助功能（M 指令）

辅助功能 M 指令用于控制机床或系统的辅助功能动作及其状态，如冷却泵的开关、主轴的正反转、程序结束等。辅助功能 M 指令由地址字符 M 后接两位数字组成，包含 M00～M99 共 100 个，下面介绍几个常用的 M 指令。

（1）程序停止指令（M00）　执行 M00 指令后，自动运行停止，机床所有动作均停止，以便进行某种手动操作。在按下控制面板的起动按钮后，才能重新起动机床，继续执行下一段程序段。

该指令主要用于零件在加工过程中停机检查、测量零件、手工换刀或交换班等。

（2）选择性停止指令（M01）　M01 指令与 M00 相似，不同的是只有按下控制面板上的"选择性停止"按钮时，M01 指令才能起作用。该指令主要用于加工零件抽样检查、清理切屑等。

（3）程序结束指令（M02）　执行 M02 指令后，表示程序已全部结束，此时主轴停转、切削液关闭，数控系统和机床复位。但程序结束后，不返回到程序头的位置。

（4）程序结束并返回到零件程序开头（M30）　M30 与 M02 功能基本相同，只是 M30 指令还兼有控制返回到零件程序开头（O）的作用。

（5）主轴正转、反转、停转指令（M03、M04、M05）　M03 指令控制主轴正转，即使主轴按逆时针方向旋转。M04 指令控制主轴反转，即使主轴按顺时针方向旋转。M05 控制主轴停转。

（6）切削液开关指令（M07、M08、M09） M07、M08、M09 用于控制冷却装置的起动和关闭。M07 指令控制雾状切削液打开。M08 指令控制切削液打开。M09 指令控制切削液关闭。

1.2.4　数控车刀刀尖圆弧半径补偿

G41、G42、G40 指令为刀具半径补偿指令。其指令格式：

G41 X（U）__ Z（W）__ ；（刀具半径左补偿）

G42 X（U）__ Z（W）__ ；（刀具半径右补偿）

G40 X（U）__ Z（W）__ ；（取消刀具半径补偿）

编程时，通常都将车刀刀尖作为一点来考虑，但实际上为了延长车刀使用寿命，所选用刀具的刀尖不可能绝对尖锐，总有一个圆弧过渡刃，如图 1-33 所示。数控车床使用粉末冶金制作的刀片，其刀尖圆弧半径 R 有 0.2mm、0.4mm、0.6mm、0.8mm、1.0mm 等多种。一般粗加工取 0.8mm，半精加工取 0.4mm，精加工取 0.2mm。若粗、精加工采用同一把刀，一般刀尖圆弧半径取 0.4mm。因此，刀具车削时，实际切削点是过渡刃圆弧与零件轮廓表面的切点。

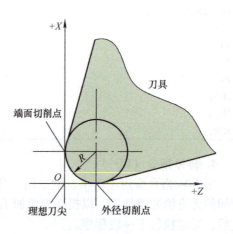

图 1-33　刀尖圆弧半径与理想刀尖

当用按理想刀尖点编出的程序进行端面、外圆、内圆等与轴线平行或垂直的表面加工时，刀具实际切削刃的轨迹与零件轮廓一致，是不会产生误差的。但在倒角、车削锥面时，则会产生欠切削误差；当切削圆弧时，则会产生过切削或欠切削现象，如图 1-34 所示。若零件精度要求不高或留有精加工余量，可忽略此误差；否则应考虑刀尖圆弧半径对零件形状的影响。

一般数控系统中均具有刀具补偿功能，可对刀尖圆弧半径引起的误差进行补偿，称为刀具半径补偿。具有刀尖圆弧自动补偿功能的数控系统能根据刀尖圆弧半径计算出补偿量，避免欠切削或过切削现象的产生。刀具半径补偿的方法是在加工前，通过机床数控系统的操作面板向系统存储器中输入刀具半径补偿的相关参数：刀尖圆弧半径 R 和刀尖方位 T。

编程时，按零件轮廓编程，并在程序中采用刀具半径补偿指令。当系统执行程序中的半径补偿指令时，数控装置读取存储器中相应刀具号的半径补偿参数，刀具自动沿刀尖方位 T 方向，偏离零件轮廓一个刀尖圆弧半径值 R，如图 1-35 所示，刀具按刀尖圆弧圆心轨迹运动，加工出所要求的零件轮廓。

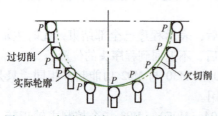

图 1-34　车圆弧时产生的欠切削与过切削

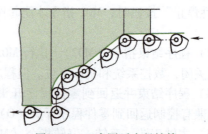

图 1-35　刀尖圆弧半径补偿

补偿方向：从刀具沿工件表面切削运动方向看，刀具在工件的左边还是在右边，因坐标系变化而不同，如图1-36所示。

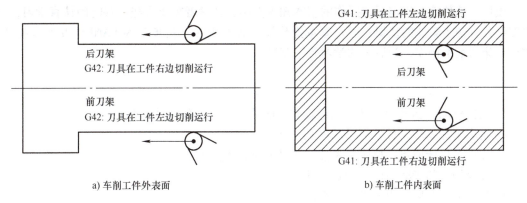

a) 车削工件外表面　　　　　　　　　　b) 车削工件内表面

图1-36　补偿方向

注意：

1) G40、C41、G42只能同G00/G01结合编程，不允许同G02/G03等其他指令结合编程。因此，在编入G40、G41、G42的G00与G01前后两个程序段中，X、Z应至少有一个值变化。

2) 在调用新刀具前必须用G40取消补偿。在使用G40前，刀具必须已经离开工件加工表面。

3) G40、G41、G42为模态指令。

4) G41、G42不能同时使用，即在程序中，前面程序段用了G41后，就不能接着使用G42，应先用G40指令解除G41刀补状态后，才可使用G42刀补指令。

5) 当刀具磨损或刀具重磨后，刀尖圆弧半径变大，只需重新设置刀尖圆弧半径的补偿量，而不必修改程序。

6) 应用刀具半径补偿，可使用同一加工程序，对零件轮廓分别进行粗、精加工。若精加工余量为0，则粗加工时设置补偿量为$r+\Delta$；精加工时设置补偿量为r即可。

补偿的原则取决于刀尖圆弧中心的动向，它总是与切削表面法向里的半径矢量不重合。因此，补偿的基准点是刀尖圆弧中心。通常，刀具长度和刀尖圆弧半径的补偿是按个假想的切削刃为基准，因此为测量带来了一些困难。把这个原则用于刀具补偿，应当分别以X和Z的基准点来测量刀具长度和刀尖半径R。用于假想刀尖圆弧半径补偿所需的刀尖形式号0~9，如图1-37所示，其中"●"代表刀具刀位点A，"＋"代表刀尖圆弧圆心O。

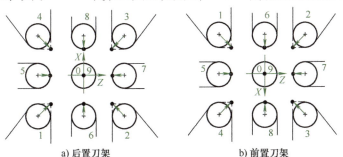

a) 后置刀架　　　　　　　　　　b) 前置刀架

图1-37　车刀的形状和位置

❖ **模块总结**

模块 1 是数控车床编程与操作的基本知识介绍，初学者需要多花一些时间认真学习，对数控编程有初步整体的认识；通过基本操作演示教学视频，初步掌握 FANUC 0i 系统操作、数控车床的基本操作，为后序的学习打下基础。

❖ **思考与练习**

1. 数控机床坐标系中，坐标轴位置和方向的判定方法分别是什么？
2. 机床坐标系和工件坐标系的区别是什么？
3. 什么是机床原点、机床参考点、工件坐标系原点？
4. 数控编程的步骤与内容分别是什么？
5. 简述数控车床常用的刀具类型。

模块2　简单传动轴零件加工

❖ 任务书

编写图 2-1 所示典型传动轴零件的加工程序，并在数控加工中心上完成零件加工。已知毛坯为 $\phi40mm \times 220mm$，材料为 45 钢。

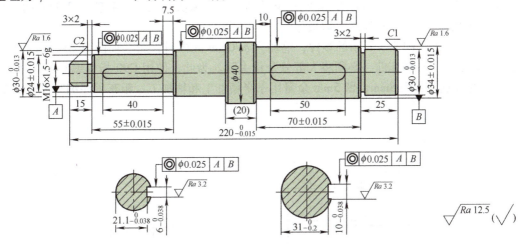

图 2-1　典型传动轴零件图

❖ 任务目标

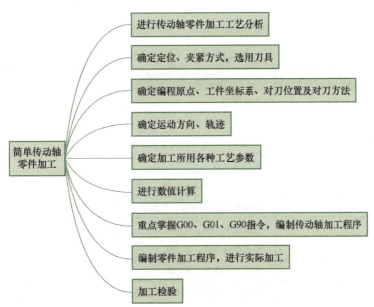

2.1　相关知识点

2.1.1　轴向切削固定循环指令

G90 指令用于车削内、外圆柱面（圆锥面）和内孔（内锥面）自动固定循环。用于毛坯余量较大的粗加工，以去除大部分毛坯。

二维码 2-1　轴向切削固定循环指令 G90

车削内、外圆柱面时的指令格式：G90 X(U) ＿ Z(W) ＿ F ＿；

车削圆柱表面固定循环如图 2-2 所示，图 2-2 中，R 表示快速移动，F 表示进给运动，加工顺序按 1—2—3—4 进行。其中，X、Z 表示车削循环进给路线的终点坐标，U、W 表示增量坐标，在增量编程中，地址 U 和 W 后面数值的符号取决于轨迹 1 和轨迹 2 的方向，与坐标轴方向相同，取正号；反之，取负号。

【例 2-1】　加工图 2-3 所示的零件，毛坯为 $\phi 70$mm 的棒料，加工轴段为 $\phi 30$mm，加工余量较大。因此，在精车前，必须将大部分余量去除。为此，使用 G90 指令编写粗车程序，每次 X 向的背吃刀量为 5mm，留 5mm 余量用于半精加工和精加工，粗车程序编写见表 2-1。

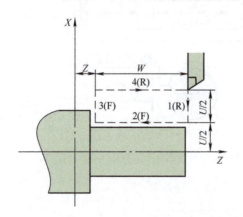

图 2-2　G90 车削圆柱表面固定循环

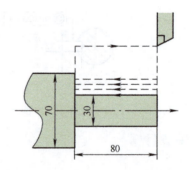

图 2-3　G90 车削圆柱面编程实例

表 2-1　例 2-1 粗车程序

程　　序	注　　释
O0201	主程序名
T0101；	换刀
G97 G99 M03 S400；	主轴正转，粗车时的主轴转速为 400r/min
M08；	切削液打开
G00 X71 Z1；	X 轴定位到 71mm 位置，Z 轴定位到 1mm 位置
G90 X60 Z－80 F0.3；	使用轴向切削固定循环指令，车削循环进给路线的终点坐标 X60，Z－80
X50；	终点坐标 X50，Z－80
X40；	终点坐标 X40，Z－80
X30；	终点坐标 X30，Z－80
G00 X65	退刀，X 向定位到 65mm 位置

（续）

程 序	注 释
Z100；	Z向定位到100mm位置
M09；	切削液关闭
M05；	主轴停转
M30；	程序结束

用 G90 指令车削圆锥面时的指令格式：G90 X(U) ＿ Z(W) ＿ R＿ F＿；

其中，X(U)、Z(W) 表示车削循环进给路线的终点坐标，R 为锥体大端和小端的半径差，若工件锥面起点坐标大于终点坐标，R 后的数值符号取正，反之取负，该值在此处采用半径编程。切削过程如图 2-4 所示。

【例 2-2】 加工图 2-5 所示的零件，加工锥面的大端直径为 φ20mm，加工余量较大，为此，使用 G90 指令编写粗车程序，加工每次 X 向的背吃刀量为 5mm，粗车程序见表 2-2。

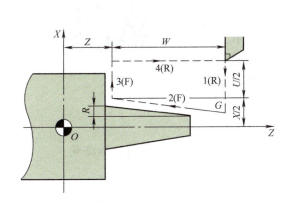

图 2-4 G90 车削圆锥表面固定循环   图 2-5 G90 车削圆锥面编程实例

表 2-2 例 2-2 粗车程序

程 序	注 释
O0202	主程序名
T0101；	换刀
G97 G99 M03 S400；	主轴正转，粗车时的主轴转速为 400r/min
M08；	切削液打开
G00 X51 Z1；	X轴定位到51mm位置，Z轴定位到1mm位置
G90 X40 Z－30 R－5 F0.3；	使用轴向切削固定循环指令，R 为锥体大端和小端的半径差 5mm，工件锥面起点坐标小于终点坐标，车削循环进给路线的终点坐标 X40，Z－30
X30；	终点坐标 X30，Z－30
X20；	终点坐标 X20，Z－30
G00 X65；	退刀，X向定位到65mm位置
Z100；	Z向定位到100mm位置
M09；	切削液关闭
M05；	主轴停转
M30；	程序结束

2.1.2 螺纹切削固定循环指令

1. 单一螺纹指令 G32

G32 指令用于加工等距螺纹的直螺纹、锥螺纹、内螺纹、外螺纹等常用螺纹。

编程格式：G32 X（U）__ Z（W）__ F __ ;

其中，X、Z 为螺纹终点的绝对坐标，省略 X 时为直螺纹，U、W 为螺纹起点坐标到终点坐标的增量值，F 为螺纹导程。

二维码 2-2 单一螺纹指令 G32

2. 螺纹切削循环指令 G92

简单螺纹切削循环指令 G92 可以用于加工圆柱螺纹和圆锥螺纹。该指令的循环路线与前述的 G90 指令基本相同，只是将 F 后面的进给量改为螺纹导程即可。

编程格式：圆柱螺纹 G92 X（U）__ Z（W）__ F __ ;

圆锥螺纹 G92 X（U）__ Z（W）__ R __ F __ ;

用 G92 指令加工圆柱螺纹的进给路线如图 2-6 所示，用 G92 指令加工圆锥螺纹的进给路线如图 2-7 所示。其中，X、Z 为螺纹终点坐标值，U、W 为螺纹起点坐标到终点坐标的增量值，R 为锥螺纹大端和小端的半径差。若工件锥面起点坐标大于终点坐标，则 R 后的数值符号取正；反之取负，该值在此处采用半径编程。切削完螺纹后退刀按照 45°退出。

二维码 2-3 螺纹切削循环指令 G92

> **注意**：用 G92 指令加工螺纹需要编程人员设定切削的进给次数和每次进给量。

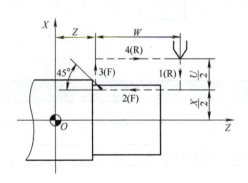

图 2-6 G92 指令加工圆柱螺纹的进给路线

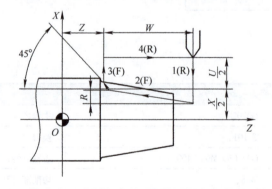

图 2-7 G92 指令加工圆锥螺纹的进给路线

【例 2-3】 使用 CK6140 数控车床加工图 2-8 所示的外螺纹零件，已知材料为 45 钢，毛坯尺寸为 $\phi45mm \times 1000mm$，所有加工面的表面粗糙度值为 $Ra1.6\mu m$。试用 G92 编写该零件的加工程序，见表 2-3。

（1）螺纹加工尺寸计算 实际车削时外圆柱面的直径为 $d_计 = d - 0.2mm = (30 - 0.2)mm = 29.8mm$。

螺纹实际牙型高度为 $h_{1实} = 0.65P = (0.65 \times 2)mm = 1.3mm$。

螺纹实际小径为 $d_{1计} = d - 1.3P = (30 - 1.3 \times 2)mm = 27.4mm$。

升速段和减速段分别取 $\delta_1 = 5mm$，$\delta_2 = 2mm$。

（2）确定切削用量 查表得双边切深为 2.6mm，分五刀切削，分别为 0.9mm、0.6mm、

0.6mm、0.4mm 和 0.1mm。

$$主轴转速\ n \leqslant (1200/P) - K = \left(\frac{1200}{2} - 80\right) \text{r/min} = 520 \text{r/min}，取\ n = 400 \text{r/min}。$$

$$进给量\ F = P = 2 \text{mm/r}。$$

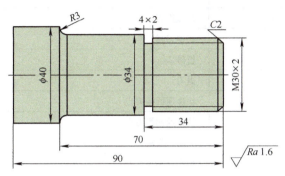

图2-8 螺纹零件图

表2-3 例2-3 螺纹加工程序

程 序	注 释
O0203	主程序名
T0101;	换刀
G97 G99 M03 S600;	主轴正转，粗车时的主轴转速为 600r/min
M08;	切削液打开
G42 G00 X45 Z2;	建立刀具半径右补偿，快速进刀至循环起点
G71 U2.5 R0.5;	定义粗车循环，背吃刀量 2.5mm，退刀量 0.5mm
G71 P10 Q20 U0.5 W0.05 F0.25;	粗车路线由 N10~N20 指定，X 向精车余量 0.5mm，Z 向精车余量 0.05mm，粗车时主轴每转一圈刀具的进给量为 0.25mm/r
N10 G00 X0 S800;	
G01 F0.1 Z0;	
X26;	
X29.8 Z−2;	
Z−34;	
X34;	
Z−67;	
G02 X40 Z−70 R3 F0.1;	
G01 Z−94;	
X45;	
N20 G01 X46.0 G40;	
G70 P10 Q20;	定义 G70 精车循环，精车各外圆表面
G00 X200;	快速返回换刀点
Z100;	快速返回换刀点
M09;	关闭切削液
T0303;	换刀

（续）

程　序	注　释
S300 M03；	主轴正转，粗车时的主轴转速为 300r/min
M08；	切削液打开
G00 X35 Z－34；	快速进刀
G01 F0.05 X26；	切退刀槽
G04 X2；	暂停 2s
G01 X35；	退刀
G00 X200	快速返回换刀点
Z100；	快速返回换刀点
M09；	关闭切削液
T0404；	换螺纹车刀
S400 M03；	主轴正转，粗车时的主轴转速为 400r/min
M08；	切削液打开
G00 X31 Z5；	螺纹加工循环起点
G92 X29.1 Z－32 F2；	螺纹车削循环第一刀，背吃刀量 0.9mm，螺距为 2mm
X28.5；	第二刀，背吃刀量 0.6mm
X27.9；	第三刀，背吃刀量 0.6mm
X27.5；	第四刀，背吃刀量 0.4mm
X27.4；	第五刀，背吃刀量 0.1mm
X27.4；	光一刀，背吃刀量 0mm
G00 X200；	快速返回换刀点
Z100；	快速返回换刀点
M09；	关闭切削液
T0303；	换刀
S300 M03；	主轴正转，粗车时的主轴转速为 300r/min
M08；	切削液打开
G00 X46 Z－94；	快速进刀
G01 F0.05 X0；	进给量 0.05mm/r，切断
G00 X200	快速返回换刀点
Z100；	快速返回换刀点
M30；	程序结束

2.2　加工工艺设计

2.2.1　加工工艺分析

该零件毛坯为 45 钢，ϕ50mm×220mm。下料，平端面，作为工艺基准面，钻中心孔。采用左端夹紧、右端顶尖的支承方式加工。

2.2.2　设计加工工艺卡

简单传动轴加工工艺卡见表 2-4。

表2-4 简单传动轴加工工艺卡

产品名称或代号		毛坯类型及尺寸		零件名称	零件图号
				传动轴	
工序号	程序编号	夹具名称	使用设备	数控系统	场地
	OO204	自定心卡盘	数控车床	FANUC 0i – TF	实训中心
工步号	工步内容	刀具号	刀具名称	转速 /（r/min）	进给量 /（mm/r）	备注（程序名）
1	端面	T0101	93°外圆车刀	1000	0.3	OO204
2	外轮廓	T0101	93°外圆车刀	1000	0.3	OO204
3	切槽	T0202	3mm切槽刀	500	0.1	OO204
4	切螺纹	T0303	60°外螺纹车刀	400	1.5	OO204

2.2.3 设计数控加工刀具卡

简单传动轴加工刀具卡见表2-5。

表2-5 简单传动轴加工刀具卡

产品名称或代号			零件名称	传动轴	零件图号	
序号	刀具号	刀具名称	刀具			
			数量	过渡表面	圆角半径 R/mm	
1	T01	93°外圆车刀	1	外轮廓	0.2	
2	T02	3mm切槽刀	1	3mm槽	0	
3	T03	60°外螺纹车刀	1	切螺纹	0	

2.3 零件编程

2.3.1 基点坐标计算

根据被加工的零件图，按照加工工艺路线，对零件图形进行数学处理，计算零件所需加工部分的轮廓坐标，是编程前的一个关键性的环节。一个零件的轮廓复杂多样，但大多是由许多不同的几何元素组成的，如直线、圆弧、二次曲线及列表曲线等。各几何元素之间的交点或切点称为基点，如两直线间的交点，直线与圆弧或圆弧与圆弧间的交点或切点、圆弧与二次曲线的交点或切点等。

首先，计算传动轴零件右端基点如图2-9所示，右端基点坐标见表2-6。

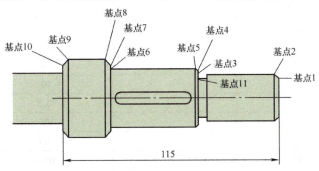

图2-9 传动轴零件右端基点

表2-6 右端基点坐标

基点	坐标			备注
	X	Y	Z	
1	28		0	
2	30		−1	
3	30		−25	
4	33		−25	
5	34		−25.5	
6	34		−95	
7	39		−95	
8	40		−95.5	
9	40		−104.5	
10	40		−106	
11	26		−25	

传动轴零件左端螺纹端基点如图2-10所示。左端螺纹端基点坐标见表2-7。

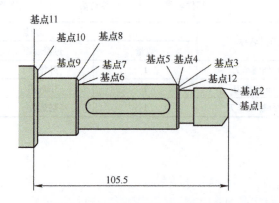

图2-10 传动轴零件左端螺纹端基点

表2-7 左端螺纹端基点坐标

基点	坐标			备注
	X	Y	Z	
1	12		0	
2	15.85		−2	
3	15.85		−15	
4	23		−15	
5	24		−15.5	
6	24		−70	
7	29		−70	
8	30		−70.5	
9	30		−105	
10	39		−105	
11	40		−105.5	
12	12		−15	

2.3.2 编写加工程序

加工程序见表2-8。

表2-8 加工程序

O0204	G94 X－1 Z0.2 F0.3；（左侧端面加工）
T0101；	Z0 F0.15；
G99；	G90 X30.49 Z－105 F0.3；（左端外轮廓加工）
M03 S1000；	X24 Z－70；
G00 G54 Z5；	X16.305 Z－15；
X45；	G00 X11.805；
G94 X－1 Z0.2 F0.3；（右侧端面加工）	G01 Z0 F0.15；
Z0 F0.15；	X15.805 Z－2；
G90 X40.5 Z－120 F0.3；（右端外轮廓加工）	Z－15；
X34.5 Z－95；	X24，C1；
X30.49 Z－25；	Z－70；
G00 X27.99；	X29.99，C1；
G01 Z0 F0.15；	Z－105；
X29.99 Z－1；	X38；
Z－25；	X40 Z－106；
X34，C1；	G00 X100；
Z－95；	Z100；
X40，C1；	T0202；（左端切槽）
Z－120；	M03 S500；
G00 X100；	G00 G55 Z－15；
Z100；	X26；
T0202；（右端切槽）	G01 X14 F0.1；
M03 S500；	X26；
G00 G54 Z－25；	G00 X100；
X36；	Z100；
G01 X26 F0.1；	T0303；（加工螺纹）
X36；	M03 S400；
G00 X100；	G00 G55 Z5；
Z100；	X18；
M05；	G92 X15 Z－14 F1.5；
M00；（暂停，零件调头）	X14.4；
M00；	X14.15；
T0101；	X14.05；
G99；	X14.05；
M03 S1000；	G00 X100；
G00 G55 Z5；	Z100；
X45；	M05；
	M30；

2.4 零件数控加工

2.4.1 零件装夹、找正及对刀

图2-11所示，设定棒料Z向距右端面中心处5mm处为编程原点，在数控车床上装夹工

件，在刀架上安装刀具并对刀，最后验证对刀的正确性。

设备及工具：数控机床、外圆车刀、游标卡尺或千分尺等。

1）工件的装夹。

2）刀具的安装。

3）对刀操作。

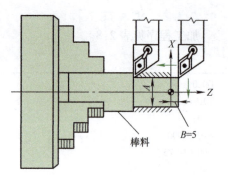

图 2-11   刀具安装与对刀操作

2.4.2   加工程序编辑与验证

1. 程序管理操作

1）调出已有数控程序。

2）删除一个数控程序。

3）新建一个数控程序。

2. 数控车床系统程序编辑

1）移动光标。

2）插入字符。

3）删除输入域中的数据。

4）删除字符。

5）查找。

6）替换。

3. 加工程序验证

1）空运行验证。

2）使用 GRAPH 功能验证轨迹。

2.4.3   零件加工及检验

1）自动运行加工右侧。

2）自动运行加工左侧。

3）使用游标卡尺测量直径。

二维码 2-4   零件仿真加工

❖ 模块总结

项目 2 通过对典型传动轴的加工工艺的制订、刀具的选择、基点坐标的计算、程序的编制，掌握数控编程的方法和步骤，掌握基本指令 G90、G00、G01 的用法，对数控编程有整体的认识，同时掌握轴类零件的工艺设计方法；通过仿真加工操作，掌握 FANUC 0i Mate 系统操作、数控车床的基本操作；通过对典型传动轴的数控加工，掌握轴类零件毛坯的定位与装夹、刀具的安装与调整、对刀操作与加工坐标系设置、轴类零件的加工与质量检验。

❖ 思考与练习

1. 如何采用试切法对刀？采用偏置法如何设置加工坐标系？

2. 轴类零件加工工艺如何制订？刀具如何选择？

3. 在坐标计算时，如何选择基点？

模块3 法兰盘零件加工

❖ 任务书

编写图 3-1 所示法兰盘零件的加工程序，并在数控加工中心上完成零件加工。已知毛坯为 $\phi125\text{mm} \times 45\text{mm}$，材料为 45 钢。

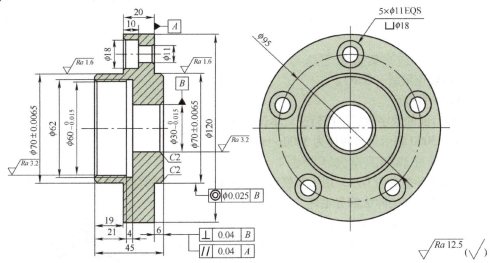

图 3-1 法兰盘零件图

❖ 任务目标

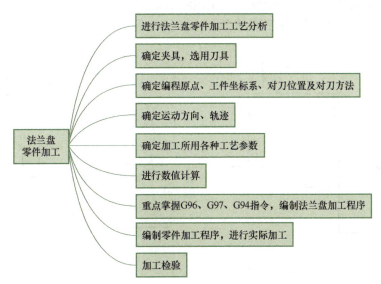

3.1 相关知识点

3.1.1 恒线速度设置与取消指令

1. 恒线速控制（G96）

编程格式：G96 S __；

其中，S 后面的数字表示恒定的线速度，单位为 m/min。

例：G96 S150；表示切削点线速度控制为 150m/min。

该指令用于车削端面或直径变化较大的场合。采用此功能，可保证当工件直径变化时的线速度不变，从而保证切削速度不变，提高加工质量。

2. 恒线速取消（G97）

编程格式：G97 S __；

其中，S 后面的数字表示恒线速度控制取消后的主轴转速 r/min，如 S 未指定，将保留 G96 的最终值。

3.1.2 主轴最高转速设置指令

主轴最高转速限制（G50）。

编程格式：G50 S __；

其中，S 后面的数字表示最高转速，单位为 r/min。

例：G50 S3000 表示最高转速为 3000r/min。

3.1.3 端面切削固定循环指令

端面车削循环指令为 G94，用于车削垂直端面和锥形端面的自动固定循环，用于毛坯余量较大的粗加工，以去除大部分毛坯。

编程格式：直端面 G94 X（U）__ Z（W）__ F __；

　　　　　　锥形端面 G94 X（U）__ Z（W）__ R __ F __；

车削垂直端面的走刀路线如图 3-2 所示，车削锥形端面的走刀路线如图 3-3 所示。图中，R 表示快速移动，F 表示进给运动，加工顺序按 1、2、3、4 进行。X、Z 为端面终点坐标值，U、W 为增量值，R 为圆锥面起点 Z 坐标减去终点 Z 坐标的差值，有正负之分。

二维码 3-1　端面切削固定循环指令 G94

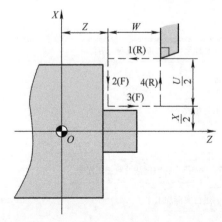

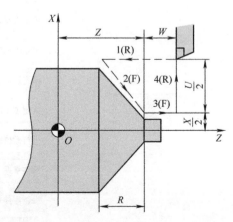

图 3-2　G94 指令车削垂直端面的走刀路线　　　　图 3-3　G94 指令车削锥形端面的走刀路线

用 G94 指令进行粗车时，每次车削一层余量，再次循环时只需按背吃刀量依次改变 Z 的坐标值。

【**例 3-1**】 加工图如图 3-4 所示的零件，用 G94 指令编程（见表 3-1）。

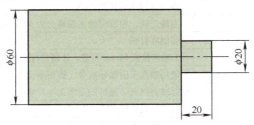

图 3-4　G94 指令加工垂直端面实例

表 3-1　例 3-1 加工程序表

程　序	注　释
O0301；	主程序名
T0101；	换刀
G97 G99 M03 S400；	主轴正转，粗车时的主轴转速为 400r/min
M08；	切削液打开
G00 X61 Z1；	X 轴定位到 61mm 位置，Z 轴定位到 1mm 位置
G94 X20 Z−3 F0.3；	使用端面车削循环指令，端面终点坐标 X20，Z−3
Z−6；	端面终点坐标 X20，Z−6
Z−10；	端面终点坐标 X20，Z−10
Z−13；	端面终点坐标 X20，Z−13
Z−16；	端面终点坐标 X20，Z−16
Z−20；	端面终点坐标 X20，Z−20
G00 X65；	退刀，X 向定位到 65mm 位置
Z100；	Z 向定位到 100mm 位置
M09；	切削液关闭
M05；	主轴停转
M30；	程序结束

【**例 3-2**】 加工图如 3-5 所示的零件，用 G94 指令编程（见表 3-2）。

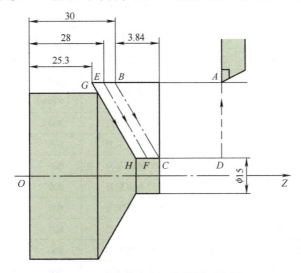

图 3-5　G94 指令加工锥形端面实例

表 3-2　例 3-2 加工程序表

程　序	注　释
O0302；	主程序名
T0101；	换刀（粗车时所用刀具）
G97 G99 M03 S400；	主轴正转，粗车时的主轴转速为 400r/min
M08；	切削液打开
G00 X61 Z1.0；	X 轴定位到 61mm 位置，Z 轴定位到 1mm 位置
G94 X15 Z−3 R−3.48 F0.3；	使用端面车削循环指令，锥形端面终点坐标 X15，Z−3，圆锥面起点 Z 坐标减去终点 Z 坐标的差值为 −3.48mm
G94 X15 Z−6 R−3.48；	端面终点坐标 X15，Z−6
G94 X15 Z−10 R−3.48；	端面终点坐标 X15，Z−10
G94 X15 Z−13 R−3.48；	端面终点坐标 X15，Z−13
G94 X15 Z−16 R−3.48；	端面终点坐标 X15，Z−16
G94 X15 Z−20 R−3.48；	端面终点坐标 X15，Z−20
G00 X65；	退刀，X 向定位到 65mm 位置
Z100；	Z 向定位到 100mm 位置
M09；	切削液关闭
M05；	主轴停转
M30；	程序结束

3.2　加工工艺设计

3.2.1　加工工艺分析

该零件毛坯为 45 钢，$\phi125\text{mm} \times 45\text{mm}$。下料，平端面，作为工艺基准面。采用左端工艺基准面定位，靠台阶面夹紧。

3.2.2　设计加工工艺卡

法兰盘加工工艺卡见表 3-3。

表 3-3　法兰盘加工工艺卡

产品名称或代号		毛坯类型及尺寸		零件名称	零件图号
				法兰盘	
工序号	程序编号	夹具名称	使用设备	数控系统	场地
	O0303、O0304	自定心卡盘	数控车床	FANUC 0i−TF	实训中心
工步号	工步内容	刀具号	刀具名称	转速 /(r/min)	进给量 /(mm/r)	背吃刀量 /mm	备注 （程序名）
---	---	---	---	---	---	---	---
1	粗车左端面	T0101	93°外圆车刀	800	0.3		O0303
2	精车左端面	T0101	93°外圆车刀	800	0.15		O0303
3	粗车左外圆	T0101	93°外圆车刀	800	0.2	4	O0303
4	精车左外圆	T0101	93°外圆车刀	800	0.15		O0303
5	粗车右端面	T0101	93°外圆车刀	800	0.3		O0304
6	精车右端面	T0101	93°外圆车刀	800	0.15		O0304
7	粗车右外圆	T0101	93°外圆车刀	800	0.2	4	O0304
8	精车右外圆	T0101	93°外圆车刀	800	0.15		O0304

3.2.3 设计数控加工刀具卡

法兰盘加工刀具卡见表3-4。

表3-4 法兰盘加工刀具卡

产品名称或代号				零件名称	传动轴	零件图号	
序号	刀具号	刀具名称	刀具				
			数量	过渡表面		圆角半径 R/mm	
1	T01	93°外圆车刀	1	端面和外圆		0.2	

3.3 零件编程

3.3.1 基点坐标计算

法兰盘零件右侧、左侧基点如图3-6和图3-7所示，右侧基点坐标见表3-5、左侧基点坐标见表3-6。

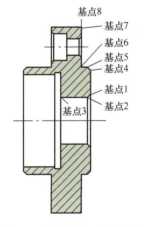

图3-6 法兰盘零件右侧基点

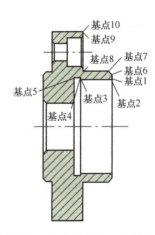

图3-7 法兰盘零件左侧基点

表3-5 右侧基点坐标值

基点	坐标			备注
	X	Y	Z	
1	34		0	
2	30		−2	
3	30		−20	
4	66		0	
5	70		−2	
6	70		−6	
7	119		−6	
8	120		−6.5	

表3-6 左侧基点坐标值

表3-6 左侧基点坐标值

基点	坐标			备注
	X	Y	Z	
1	60		0	
2	60		−0.5	
3	60		−21	
4	62		−21	
5	62		−25	
6	66		0	
7	70		−2	
8	70		−19	
9	119		−19	
10	120		−19.5	

3.3.2 编写加工程序

加工程序见表3-7和表3-8。

表3-7 左侧加工程序

O0303；	X70.5 Z−19；
T0101；	G00 X64；
G99；	G01 Z0 F0.15；（精车）
M03 S800；	X70 Z−2；
G00 G54 Z5；	Z−19；
X125；	X120，C1；
G94 X−1 Z0.2 F0.3；（粗车端面）	Z−40；
Z0 F0.15；（精车端面）	X125；
G94 X70.5 Z−4 F0.2；（用G94循环指令进行粗车）	G00 X200；
X70.5 Z−8；	Z100；
X70.5 Z−12；	M05；
X70.5 Z−16；	M30；

表3-8 右侧加工程序

O0304；	G00 X64；
T0101；	G01 Z0 F0.15；（精车）
G99；	X70 Z−2；
M03 S800；	Z−6；
G00 G55 Z5；	X118；
X125；	X120 Z−7；
G94 X−1 Z0.2 F0.3；（粗车端面）	G00 X200；
Z0 F0.15；（精车端面）	Z100；
G94 X70.5 Z−3 F0.3；（用G94循环指令进行粗车）	M05；
X70.5 Z−6；	M30；

3.4 零件数控加工

3.4.1 零件装夹、找正及对刀

1）盘类毛坯装夹与找正。

2）内孔刀具安装与调整。

3）钻头与锥套的使用、尾座的使用。

3.4.2 加工程序编辑与验证

1. 程序管理操作

1）新建一个数控程序。

2）删除一个数控程序。

3）检索一个数控程序。

2. 数控车床系统程序编辑

1）移动光标。

2）插入字符。

3）删除输入域中的数据。

4）删除字符。

5）查找。

6）替换。

3. 加工程序验证

1）空运行验证。

2）使用 GRAPH 功能验证轨迹。

3.4.3 零件加工及检验

1）对刀操作，完成 4 把刀对刀。

2）自动运行加工右侧。

3）自动运行加工左侧。

4）使用游标卡尺和千分尺测量直径。

二维码 3-2 零件仿真加工

❖ **模块总结**

项目 3 通过法兰类零件编程，掌握 G94、G96、G97 指令的应用，通过法兰类零件加工，盘类零件毛坯的装夹与找正，内孔刀具的安装与调整，内孔刀具的对刀。通过法兰盘零件的加工检验，掌握内孔的测量等内容，判断零件加工是否符合技术要求。

❖ **思考与练习**

1. 数控车床常用的夹具有哪些？各有何特点？

2. 什么是对刀点和换刀点？它们之间有什么区别？

3. G96、G97 指令如何应用？有何注意事项？

4. G94 指令如何应用？进刀路线与 G90 指令有何不同？

5. 内孔刀具如何对刀？内孔切槽刀如何对刀？

6. 如图 3-8 所示，使用 G94 指令编写轴套加工程序。

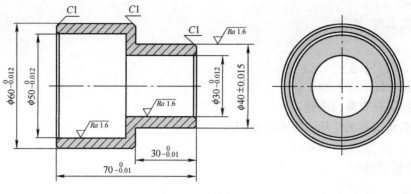

图 3-8　轴套

模块4　复合轴零件加工

❖ 任务书

编写图 4-1 所示复合轴零件的加工程序，并在数控加工中心上完成零件加工。已知毛坯为 $\phi50mm \times 125mm$，材料为 45 钢。

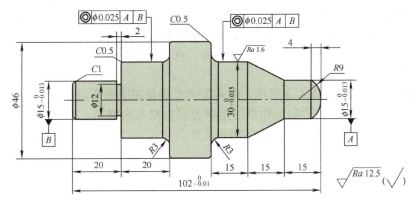

图 4-1　复合轴零件图

❖ 任务目标

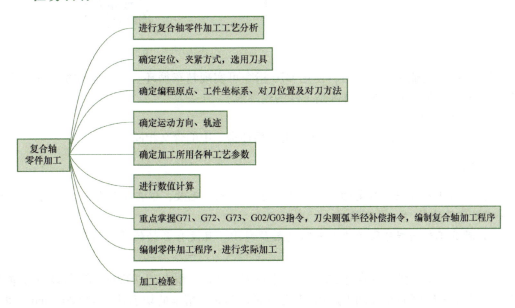

 复合轴零件加工
- 进行复合轴零件加工工艺分析
- 确定定位、夹紧方式，选用刀具
- 确定编程原点、工件坐标系、对刀位置及对刀方法
- 确定运动方向、轨迹
- 确定加工所用各种工艺参数
- 进行数值计算
- 重点掌握G71、G72、G73、G02/G03指令，刀尖圆弧半径补偿指令，编制复合轴加工程序
- 编制零件加工程序，进行实际加工
- 加工检验

4.1 相关知识点

在数控车床上加工圆棒料时，加工余量较大，加工时首先要进行粗加工，然后进行精加工。进行粗加工时，需要多次重复切削，才能加工到规定尺寸，因此，编制程序非常复杂。应用轮廓切削循环指令，只需指定精加工路线和粗加工的切削深度，数控系统就会自动计算出粗加工路线和加工次数，因此可大大简化编程。

4.1.1 轴向切削复合循环指令

G71 指令用于把圆柱棒料粗车成阶梯轴或内孔需切除较多余量的情况。

编程格式：G71 U（Δd）   R（e）；

G71 P（ns） Q（nf） U（Δu） W（Δw） F（f） S（s） T（t）；

其中，Δd 为切削深度，是半径值，且为正值；e 为退刀量；ns 为精加工开始程序段的程序段号；nf 为精加工结束程序段的程序段号；Δu 为 X 向精加工余量，是直径值；Δw 为 Z 向精加工余量；f 为粗车时的进给量；s 为粗车时的主轴转速；t 为粗车时所用刀具的刀具号。G71 指令一般用于加工轴向尺寸较长的零件，在切削循环过程中，刀具沿 X 向进刀，平行于 Z 轴切削。

G71 指令的进给路线如图 4-2 所示，图 4-2 中 C 为粗加工循环的起点，A 是毛坯端面外径上的一点。只要给出 $AA'B$ 之间的精加工形状及径向精车余量 Δu/2、轴向精车余量 Δw/2 及切削深度 Δd 就可以完成 $AA'BA$ 区域的粗车工序。

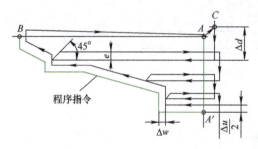

图 4-2　G71 指令的进给路线

二维码 4-1　轴向切削复合循环指令 G71

用 G71 指令完成粗车循环后，使用 G70 指令可实现精车循环。精车时的加工量是粗车循环时留下的精车余量，加工轨迹是工件的轮廓线。

编程格式：G70 P（ns）Q（nf）；

其中，P（ns）和 Q（nf）的含义与粗车循环指令中的含义相同。

> 💬 **注意：**
>
> 1）在 G71 程序段中规定的 F、S、T 对于 G70 指令无效，但在执行 G70 指令时顺序号 ns～nf 程序段的 F、S、T 有效。
>
> 2）精加工起始程序段必须由循环起点 C 到 A'，且没有 Z 轴的移动指令。

【例 4-1】　车削图 4-3 所示的零件。粗车刀 T0101，精车刀 T0202，精车余量 X 轴为 0.2mm，Z 轴为 0.05mm。粗车的切削速度为 300r/min，精车的切削速度为 500r/mm。粗车的进给量为 0.2mm/r，精车的进给量为 0.07mm/r。粗车时每次背吃刀量为 3mm。

G71 指令的加工程序见表 4-1。

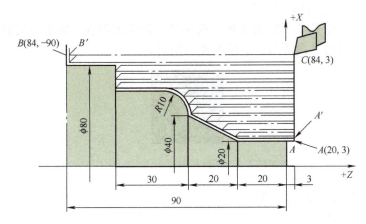

图 4-3　外圆车削循环实例

表 4-1　G71 指令的加工程序

程　序	注　释
O0401；	主程序名
T0101；	换刀（粗车时所用刀具）
G97 G99 M03 S300；	主轴正转，粗车时的主轴转速为 300r/min
M08；	切削液打开
G00 X84 Z3；	X 轴定位到 84mm 位置，Z 轴定位到 3mm 位置
G71 U3 R1；	使用轴向切削复合循环指令，每次切削深度 3mm，每次退刀量为 1mm
G71 P10 Q20 U0.2 W0.05 F0.2；	X 轴方向精加工余量 0.2mm（直径值）。Z 轴方向精加工余量 0.05mm。粗车时的进给量 0.2mm/r
N10 G00 X20；	N10 精加工开始程序段的程序段号，定位到 X20
G01 Z−20 F0.07 S500；	直线切削至 Z−20 位置，精车时的进给量 0.07mm/r，粗车时的主轴转速为 500r/min
X40 W−20；	切削至 X40 同时 Z 轴负向切削 20mm
G03 X60 W−10 R10；	逆时针圆弧插补至 X60 同时 Z 轴负向切削 10mm，圆弧半径 10mm
G01 W−20；	Z 轴负向直线切削 20mm
G01 X80；	X 轴直线切削至 X80 位置
G01 Z−90；	Z 轴直线切削至 Z−90 位置
N20 G01 X84；	N20 精加工结束程序段的程序段号
G00 Z3；	退刀
G00 X100；	X 向定位到 100mm 位置
Z100；	Z 向定位到 100mm 位置
T0202；	换刀（精车时所用刀具）
G00 X84 Z3；	定位到循环起点 C
G70 P10 Q20；	精加工
G00 Z3；	退刀
G00 X100；	X 向定位到 100mm 位置
Z100；	Z 向定位到 100mm 位置
M09；	切削液关闭
M05；	主轴停转
M30；	程序结束

4.1.2 端面切削复合循环指令

端面粗车循环指令 G72 一般用于加工端面尺寸较大的零件，即所谓的盘类零件，在切削循环过程中，刀具沿 Z 向进刀，平行于 X 轴切削。

二维码 4-2 端面切削复合循环指令 G72

编程格式：G72 U（Δd）　R（e）；

　　　　　G72 P（ns）　Q（nf）　U（Δu）　W（Δw）　F（f）　S（s）　T（t）；

G72 程序段中的各地址码的含义与 G71 相同。

G72 指令的进给路线如图 4-4 所示，图 4-4 中 C 为粗加工循环的起点，A 是毛坯端面外径上的一点。只要给出 AA'B 之间的精加工形状及径向精车余量 Δu/2、轴向精车余量 Δw/2 及切削深度 Δd 就可以完成 AA'BA 区域的粗车工序。

> 📖 **注意：**
>
> 　1）用 G72 指令完成粗车循环后，使用 G70 指令可实现精车循环。精车时的加工量是粗车循环时留下的精车余量，加工轨迹是工件的轮廓线。
>
> 　2）在 G72 程序段中规定的 F、S、T 对于 G70 指令无效，但在执行 G70 指令时顺序号 ns～nf 程序段的 F、S、T 有效。
>
> 　3）精加工起始程序段必须由循环起点 C 到 A'，且没有 X 轴的移动指令。

【例 4-2】　车削图 4-5 所示的零件。粗车刀 T0101，精车刀 T0202，精车余量 X 轴为 0.6mm，Z 轴为 0.1mm。粗车时主轴转速为 150r/min，精车时主轴转速为 300 r/mm。粗车的进给量为 0.2mm/r，精车为 0.1mm/r。粗车时每次背吃刀量为 2mm。

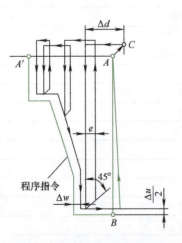

图 4-4 G72 指令的进给路线

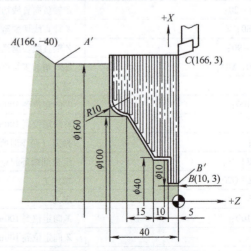

图 4-5 端面车削循环实例

加工程序见表 4-2。

表4-2　G72指令的加工程序

O0402；	N20 Z3；
T0101；	G00 X100；
G97 G99 M03 S150；	Z100；
M08；	T0202；
G00 X166 Z3；	G00 X166 Z3；
G72 W2 R0.5；	G70 P10 Q20；
G72 P10 Q20 U0.6 W0.1 F0.2；	G00 Z3；
N10 G00 Z-40；	X100；
G01 X120 F0.1 S300；	Z100；
G03 U-20 W10 R10；	M09；
G01 U-60 W15；	M05；
W10；	M30；
X10；	

4.1.3　仿形切削复合循环指令

G73指令用于零件毛坯已基本成形的铸件或锻件的加工。铸件或锻件的形状与零件轮廓接近，这时若仍使用G71指令或G72指令，则会产生许多无效切削而浪费加工时间。

二维码4-3　仿形切削复合循环指令G73

编程格式：G73 U（Δi）　　W（Δk）　　R（d）；

　　　　　　G73 P（ns）　　Q（nf）　　U（Δu）　　W（Δw）　　F（f）　　S（s）　　T（t）；

其中，Δi为X向粗加工切除的总余量，是半径值；Δk为Z向粗加工切除的总余量；d为粗切削次数。

其余各地址码含义与G71指令相同。

G73指令的进给路线如图4-6所示。

🦢 **注意：**

1）用G73指令完成粗车循环后，使用G70指令可实现精车循环。精车时的加工量是粗车循环时留下的精车余量，加工轨迹是工件的轮廓线。

2）在G73程序段中规定的F、S、T对于G70指令无效，但在执行G70指令时顺序号ns～nf程序段的F、S、T有效。

【例4-3】　车削图4-7所示的零件，毛坯如图4-7中点画线所示。粗车刀T0101，精车刀T0202，粗车余量X轴为8.0mm，Z轴为0mm，需粗车4次；精车余量X轴为0.2mm，Z轴为0.05mm。粗车时主轴转速为500r/min，精车时主轴转速为700r/min。粗车的进给量为0.2mm/r，精车为0.07mm/r。

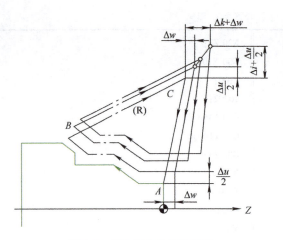

图 4-6　G73 指令的进给路线

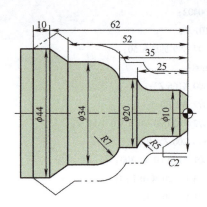

图 4-7　仿形粗车循环实例

加工程序见表 4-3。

表 4-3　G73 指令的加工程序

O0403；	G01 Z－35；
T0101；	G03 X34 Z－42 R7；
G97 G99 M03 S500；	G01 Z－52；
M08；	X44 Z－62；
G00 X46 Z0.5；	Z－72；
G73 U8 W0 R4；	N20 G01 X51；
G73 P10 Q20 U0.2 W0.05 F0.2；	G70 P10 Q20；
N10 G01 X6 F0.07 S700；	G00 X80；
Z0；	Z100；
X10 Z－2；	M09；
Z－20；	M05；
G02 X20 Z－25 R5；	M30；

4.1.4　螺纹切削复合循环指令

G76 指令用于多次自动循环切削螺纹。编程人员只需在程序指令中一次性定义好有关参数，则在车削过程中系统可自动计算各次背吃刀量，并自动分配背吃刀量，完成螺纹加工，如图 4-8 所示。G76 指令可用于不带退刀槽的圆柱螺纹和圆锥螺纹的加工。

二维码 4-4　螺纹切削复合循环指令 G76

编程格式：G76 P (m) (r) (α) Q (Δd_min) R (d)；

　　　　　G76 X (U) ＿ Z (W) ＿ R (i) P (k) Q (Δd) F (f)；

其中，m 为精加工重复次数。其范围为 01～99，该值是模态量。

r 为螺纹尾部倒角量（斜向退刀），设定值范围用两位整数来表示：00～99，其值为螺纹导程（P_h）的 0.1 倍，即 $0.1P_h$。该值为模态量。

α 为刀尖角度，可从 80°、60°、55°、30°、29° 和 0° 六个角度中选择，用两位整数来表示，该值是模态量。

m、r 和 α 用地址 P 同时指定。例如，m＝2，r＝1.2P_h，α＝60° 时可以表示为 P021260。

Δd_{min} 为切削时的最小背吃刀量。用半径编程，单位为 μm。

d 为精加工余量。用半径编程；

U、W 为螺纹终点坐标。

i 为锥螺纹大小头半径差。用半径编程，方向与 G92 中的 R 相同；如果 i=0 时，可进行普通直螺纹切削。

k 为螺牙高度。用半径值指定。

Δd 为第一次背吃刀量，半径值，单位为 μm。

f 为等于导程。如果是单线螺距，则该值为螺距，单位为 mm。

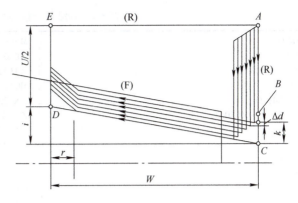

图 4-8 G76 循环的运动轨迹

注意：

1）加工多线螺纹时的编程，应在加工完一个线后，用 G00 或 G01 指令将车刀轴向移动一个螺距，然后再按要求编写车削下一条螺纹的加工程序。

2）用 G92、G76 指令在切削螺纹期间，按下"进给保持"按钮时，刀具在完成切削循环后，才会执行进给保持。

3）G92 指令是模态指令。

4）执行 G92 循环指令时，在螺纹切削的收尾处，刀具要在接近 45°的方向斜向退刀，具体移动距离由机床内部参数设置。

5）执行 G32、G92、G76 指令期间，进给速度倍率、主轴速度倍率均无效。

【例 4-4】 加工图 4-9 所示零件的螺纹，已知 T0404 为螺纹车刀，车螺纹时主轴转速 $n=200r/min$ 空刀进入量 $\Delta l=8mm$，牙型高度 $=0.6495mm \times 2=1.299mm$，牙底直径 $=27.402mm$。

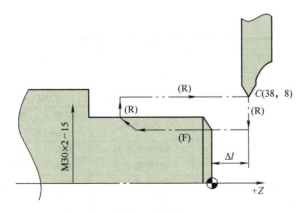

图 4-9 螺纹加工

加工程序见表 4-4。

表4-4　G76指令的加工程序

| O0404；
T0101；
G97 G99 M03 S500；
M08；
G00 X41 Z1；
G90 X38 Z－30 F0.3；
X35；
X32；
X30.6；
G00 X50；
Z200；
M09；
M05；
T0202；
M03 S800；
M08；
G00 G42 X24 Z0；
G01 X29.8 Z－3 F0.1；
Z－30；
G01 X41；
G00 X50；
G00 G40 X55 Z200；
M09； | M05；
T0303；
M03 S500；
M08；
G00 X31；
Z－30；
G01 X24 F0.15；
G00 X50；
G01 Z－28；
X24；
G00 X50；
Z200；
M09；
M05；
T0404；
M03 S200；
M08；
G00 X30 Z8；
G76 P010060 Q100 R50；
G76 X27.402 Z－27.5 R0 P1299 Q500 F2；
G00 X50.0 Z100；
M05；
M30； |

4.2　加工工艺设计

4.2.1　加工工艺分析

该零件毛坯为45钢，ϕ50mm×102mm。下料，平端面，作为工艺基准面。采用台阶面夹紧加工。

4.2.2　设计加工工艺卡

复合轴加工工艺卡见表4-5。

表4-5　复合轴加工工艺卡

产品名称或代号		毛坯类型及尺寸		零件名称		零件图号
				复合轴		
工序号	程序编号	夹具名称	使用设备	数控系统		场地
	O0405	自定心卡盘	数控车床	FANUC 0i－TF		实训中心
工步号	工步内容	刀具号	刀具名称	转速 /(r/min)	进给量 /(mm/r)	背吃刀量 /mm	备注 (程序名)
1	粗车右端面	T0101	93°外圆车刀	800	0.3		O0405
2	精车右端面	T0101	93°外圆车刀	800	0.15		O0405
3	粗车右外圆	T0101	93°外圆车刀	800	0.2	1	O0405
4	精车右外圆	T0101	93°外圆车刀	1500	0.07	0.3	O0405
5	粗车左端面	T0101	93°外圆车刀	800	0.3		O0405
6	精车左端面	T0101	93°外圆车刀	800	0.15		O0405
7	粗车左外圆	T0101	93°外圆车刀	800	0.2	1	O0405
8	精车左外圆	T0101	93°外圆车刀	1500	0.07	0.3	O0405
9	切槽	T0202	切槽刀	500	0.3		O0405

4.2.3　设计数控加工刀具卡

复合轴加工刀具卡见表4-6。

表4-6　复合轴加工刀具卡

产品名称 或代号			零件名称	复合轴	零件图号	
序号	刀具号	刀具名称	刀具			
			数量	过渡表面	圆角半径 R/mm	
1	T01	93°外圆车刀	1	轮廓	0.2	
2	T02	2mm 切槽刀	1	2mm 槽	0	

4.3　零件编程

4.3.1　基点坐标计算

项目4基点坐标如图4-10和图4-11所示。右端基点坐标见表4-7，左端螺纹端基点坐标见表4-8。

表4-7　右端基点坐标

基点	坐标			备注
	X	Y	Z	
1	0		0	
2	15		−4	
3	15		−15	
4	30		−30	
5	30		−42	
6	36		−45	
7	45		−45	
8	46		−45.5	
9	46		−63	

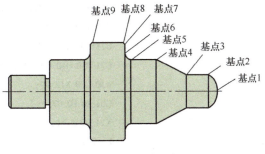

图 4-10　右端基点

表 4-8　左端螺纹端基点坐标

基点	坐标			备注
	X	Y	Z	
1	13		0	
2	15		−1	
3	15		−18	
4	12		−18	
5	12		−20	
6	29		−20	
7	30		−20.5	
8	30		−37	
9	36		−40	
10	45		−40	
11	46		−40.5	

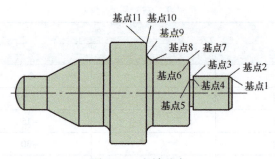

图 4-11　左端基点

4.3.2　编写加工程序

加工程序见表 4-9。

表 4-9　加工程序

O0405；
T0101；（先加工右侧）
G99；
M03 S800；
G00 G54 Z5；
X50；
G94 X −1 Z0.2 F0.3；（右端面粗车）
Z0 F0.15；（右端面精车）
G71 U3 R1；（车右外圆）
G71 P10 Q20 U0.2 W0.05 F0.2；
N10 G00 X0；
G01 Z0 F0.07；

G00 G55 Z5；
X50；
G94 X −1 Z0.2 F0.3；（左端面粗车）
Z0 F0.15；（左端面精车）
G71 U3 R1；（车左外圆）
G71 P30 Q40 U0.2 W0.05 F0.2；
N30 G00 X12.99；
G01 Z0 F0.07；
X14.99 Z −1；
Z −20；
X29.99，C0.5；
Z −37；

（续）

G03 X14. 99 Z - 4 R9；	G02 X35. 99 Z - 40 R3；
G01 Z - 15；	G01 X46，C0. 5；
X29. 99 Z - 30；	X47 Z - 42；
Z - 42；	N40 X50；
G02 X35. 99 Z - 4 5R3；	M03 S1500；
G01 X46，C0. 5；	G70 P30 Q40；（精车）
Z - 63；	G00 X100；
N20 X50；	Z100；
M03 S1500；	T0202；（切槽刀切槽）
G70 P10 Q20；（精车）	M03 S500；
G00 X100；	G00 G55 Z - 20；
Z100；	X32；
M05；	G01 X12 F0. 1；
M00；	X32；
M00；（调头）	G00 X100；
T0101；	Z100；
G99；	M05；
M03 S800；	M30；

4.4 零件数控加工

4.4.1 零件装夹、找正及对刀

1）毛坯的装夹与找正。

2）刀具的安装与调整。

3）对刀操作。

4.4.2 加工程序编辑与验证

1. 程序管理操作

1）调出已有数控程序。

2）删除一个数控程序。

3）新建一个数控程序。

2. 数控车床系统程序编辑

1）移动光标。

2）插入字符。

3）删除输入域中的数据。

4）删除字符。

5）查找。

6）替换。

3. 加工程序验证

1）空运行验证。

2）使用 GRAPH 功能验证轨迹。

4.4.3 零件加工及检验

1）自动运行加工右侧。

2）自动运行加工左侧。

3）使用游标卡尺测量直径。

二维码 4-5 零件仿真加工

❖ **模块总结**

项目 4 通过对复合轴零件的编程，掌握循环指令 G71、G72、G73 的使用方法和适用毛坯的类型，掌握 G02/G03 指令的使用，刀尖圆弧半径补偿的使用方法；通过复合轴零件的加工，掌握端面车刀等刀具的安装和调整；通过复合轴零件的检验，熟练掌握游标卡尺和千分尺的使用。

❖ **思考与练习**

1. 数控车刀具如何选择对刀点？

2. G71、G72、G73 指令如何使用？各有何特点？

3. G02/G03 指令如何使用？

4. 刀尖圆弧半径补偿指令如何使用？

5. 根据图 4-12 所示零件，编写加工程序。

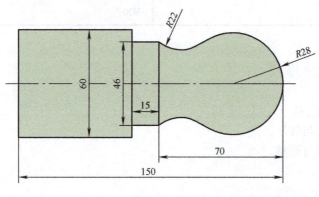

图 4-12 轴

模块5　带轮零件加工

❖ 任务书

编写图 5-1 所示带轮零件的加工程序，并在数控加工中心上完成零件加工。已知毛坯为 $\phi 185\,\mathrm{mm} \times 125\,\mathrm{mm}$，材料为 HT200。

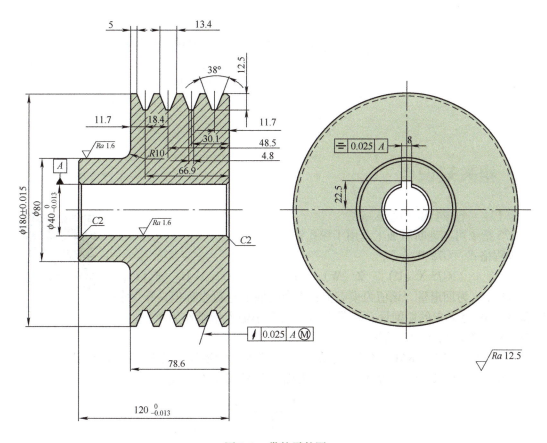

图 5-1　带轮零件图

❖ **任务目标**

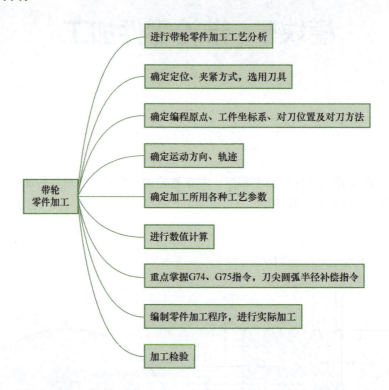

- 进行带轮零件加工工艺分析
- 确定定位、夹紧方式，选用刀具
- 确定编程原点、工件坐标系、对刀位置及对刀方法
- 确定运动方向、轨迹
- 确定加工所用各种工艺参数
- 进行数值计算
- 重点掌握G74、G75指令，刀尖圆弧半径补偿指令
- 编制零件加工程序，进行实际加工
- 加工检验

带轮零件加工

5.1 相关知识点

5.1.1 径向切槽循环指令

G75 指令可实现断屑加工，用于深孔钻削循环。

编程格式：G75 R（e）；

     G75 X（U）＿ Z（W）＿ P（ΔI）＿ Q（Δk）＿ F（f）；

其中，e 为回退量，该值为模态值；Z 为孔底的绝对坐标值；W 为钻削深度；Δk 为 Z 向的切削量（不带符号，用最小输入增量作为单位，不支持小数点输入）；f 为进给量。

二维码 5-1　径向切槽循环指令 G75

【例 5-1】 使用 CK6140 数控车床加工图 5-2 所示的零件，已知材料为 45 钢，毛坯尺寸为 $\phi 50$mm（长度 105mm，所有加工面的表面粗糙度值为 Ra 1.6μm）。

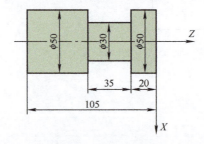

图 5-2　G75 编程示例

工艺分析：

1）刀具选用4mm槽刀。

2）切削用量的选择：主轴转速500r/min，进给量0.1mm/r，背吃刀量2mm。

图5-2所示零件用G75编程示例见表5-1。

表5-1　指令G75编程示例

程　序	注　释
O0501；	主程序名
T0101；	换刀
G97 G99 M03 S500；	主轴正转，转速为500r/min
M08；	切削液打开
G00 X54；	X向定位到54mm位置
Z－24；	Z向定位到－24mm位置
G75 R1；	使用径向切槽循环指令，回退量1mm
G75 X30 Z－55 P2000 Q3500 F0.1；	切削终点坐标X30 Z－55，Z向每次背吃刀量3.5mm
G00 X150；	X向定位到150mm位置
Z150；	Z向定位到150mm位置
M09；	切削液关闭
M05；	主轴停转
M30；	程序结束

5.1.2　端面深孔钻削循环指令

G74指令可实现断屑加工，用于深孔钻削循环。

编程格式1：G74 R（e）；

　　　　　　G74 Z（W）Q（Δk）F（f）；

编程格式2：G74 R（e）；

　　　　　　G74 X（U）__ Z（W）__ P（ΔI）__ Q（Δk）__ F（f）；

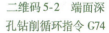

二维码5-2　端面深孔钻削循环指令G74

其中，e为回退量，改值为模态值；Z为孔底的绝对坐标值；W为钻削深度；Δk为Z向的切削量（不带符号，用最小输入增量作为单位，不支持小数点输入）；f为进给量。

【例5-2】　使用CK6140数控车床加工图5-3所示的零件，已知材料为45钢，毛坯尺寸为φ120mm（长度100mm，所有加工面的表面粗糙度值为Ra1.6μm）。

工艺分析：

1）刀具选用4mm端面槽车刀。

2）切削用量的选择：主轴转速500r/min，进给量0.1mm/r，背吃刀量2mm。

图5-3所示零件用G74编程示例见表5-2。

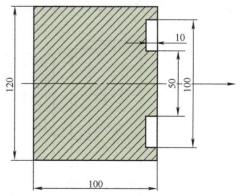

图5-3　G74编程示例

表 5-2　指令 G74 编程示例

程　　序	注　　释
O0502；	主程序名
T0101；	换刀
G97 G99 M03 S500；	主轴正转，转速为 500r/min
M08；	切削液打开
G00 X58；	X 向定位到 58mm 位置
Z3；	Z 向定位到 3mm 位置
G74 R1；	使用径向切槽循环指令，回退量 1mm
G74 X100 Z－10 P5000 Q2000 F0.1；	切削终点坐标 X100 Z－10，Z 向每次背吃刀量 2mm
G00 X150；	X 向定位到 150mm 位置
Z150；	Z 向定位到 150mm 位置
M09；	切削液关闭
M05；	主轴停转
M30；	程序结束

5.1.3　子程序应用

在加工零件过程中，常会出现几何形态完全相同的加工轨迹，在程序编制中，就会有固定顺序的重复程序段出现。为使程序简化，可将有固定顺序重复出现的程序段编辑为子程序存放，再通过主程序按格式调出加工。子程序的编号与一般程序基本相同，只是用程序结束字 M99 表示子程序结束，并返回到调用子程序的主程序中。调用子程序指令为 M98，结束子程序指令为 M99，其编程格式：

M98　PXXX　XXXX；

其中 P 表示子程序调用情况。P 后跟有 4~8 位数，前几位为调用次数，后 4 位为所调用的子程序号。如 M98 P0221033 表示 1033 号子程序被调用 22 次，调用次数为 1 时可以省略，一个子程序最多可以被调用 999 次。

进一步简化程序，可执行子程序调用另一个子程序，称为子程序的嵌套。子程序可以嵌套四级，如图 5-4 所示。

【例 5-3】　使用 CK6140 数控车床加工如图 5-4 所示的零件，已知材料为 45 钢，毛坯尺寸为 ϕ45mm（长度 1000mm，所有加工面的表面粗糙度值为 Ra 1.6μm）。试编制该零件的加工程序。

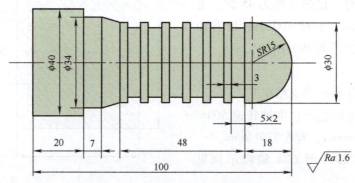

图 5-4　子程序加工零件编程实例

1. 工艺分析

该零件由凸圆弧面、外圆、圆锥面、宽槽等组成，有较高的表面粗糙度要求。零件材料为45钢，切削加工性能较好，无热处理和硬度要求。加工顺序按由粗到精、由右到左的原则，即先从右向左进行粗车，然后从右向左进行精车，最后切槽、切断。

2. 确定加工路线

1）用自定心卡盘夹住毛坯，外伸120mm，找正。

2）对刀，设置编程原点O为零件右端面中心。

3）由右向左依次粗、精车凸圆弧、外圆。

4）切槽、切断。

3. 选择刀具

1）选用硬质合金93°偏刀，用于粗、精加工凸圆弧、外圆，刀尖圆弧半径$R = 0.4$mm，置于T01刀位。

2）选用硬质合金切刀（刀宽为4mm），以左刀尖为刀位点，用于切槽、切断，置于T03刀位。

4. 确定切削用量

工序的划分与切削用量的选择见表5-3。

表5-3 零件的切削用量

加工内容	背吃刀量a_p/mm	进给量f/（mm/r）	主轴转速n/（r/min）
粗车凸圆弧、外圆	2.5	0.2	600
精车凸圆弧、外圆	0.25	0.1	800
切槽、切断	4	0.05	300

5. 参考程序

图5-4所示零件的主程序见表5-4，子程序见表5-5。

表5-4 零件的主程序

O0503；	T0202；
T0101；	S800 M03；
G97 G99 M03 S600；	M08；
M08；	G00 X45 Z2；
G00 X45 Z2；	G70 P10 Q20；
G71 U2 R0.5；	G00 X100；
G71 P10 Q20 U0.5 W0.05 F0.2；	Z200；
N10 G00 G42 X0；	M09；
G01 Z0 F0.1；	M05；
G03 X30 Z－15 R15 F0.1；	T0303；
G01 Z66；	S300 M03；
X34.0 Z73；	M08；
Z－80；	G00 X31 Z－14；
X40；	M98 P60504；
Z－104；	G00 X46；
X45；	Z－104；
N20 G40 X46；	G01 F0.05 X0；
G00 X100；	X200 Z100；
Z200；	M09；
M09；	M05；
M05；（换刀用）	M30；

表 5-5　零件的子程序

O0504； G00 W−8； F0.05 X26； X31； W−1；	X26.0； W1.0； X31.0； M99；

5.2　加工工艺设计

5.2.1　加工工艺分析

该零件毛坯材料为 HT200，尺寸为 $\phi185mm \times 125mm$。铸造毛坯，平端面，作为工艺基准面。采用左端工艺基准面定位，靠台阶面夹紧加工。

5.2.2　设计加工工艺卡

带轮加工工艺卡见表 5-6。

表 5-6　带轮加工工艺卡

产品名称或代号		毛坯类型及尺寸		零件名称	零件图号
				带轮	
工序号	程序编号	夹具名称	使用设备	数控系统	场地
	O0504、O0505、 O0506	自定心卡盘	数控车床	FANUC 0i−TF	实训中心
工步号	工步内容	刀具号	刀具名称	转速 /(r/min)	进给量 /(mm/r)	背吃刀量 /mm	备注 （程序名）
---	---	---	---	---	---	---	---
1	粗车轮毂	T0101	93°外圆车刀	200	0.3	1	O0504
2	精车轮毂	T0202	93°外圆车刀	400	0.1	0.3	O0504
3	调头、钻孔	T0303	$\phi35mm$ 钻头	500	0.2		O0505
4	粗车外圆	T0404	93°外圆车刀	200	0.3	1	O0505
5	精车外圆	T0404	93°外圆车刀	400	0.1	0.3	O0505
6	粗车内孔	T0505	93°外圆车刀	500	0.3	1.0	O0505
7	精车内孔	T0505	93°外圆车刀	800	0.1	0.3	O0505
8	切槽	T0606	切槽刀	500	0.3		O0506

5.2.3　设计数控加工刀具卡

带轮加工刀具卡见表 5-7。

表 5-7　带轮加工刀具卡

产品名称 或代号			零件名称	带轮	零件图号	
序号	刀具号	刀具名称	刀具			
			数量	过渡表面	圆角半径 R/mm	
1	T01	93°外圆车刀	1	粗车轮毂轮廓	0.5	
2	T02	93°外圆车刀	1	精车轮毂轮廓	0.2	
3	T03	$\phi35mm$ 钻头	1	钻孔		
4	T04	93°外圆车刀	1	右端轮廓	0.2	
5	T05	93°外圆车刀	1	内孔	0.2	
6	T06	2mm 切槽刀	1	A 形槽	0	

5.3　零件编程

5.3.1　基点坐标计算

项目5基点坐标如图5-5和图5-6所示。右端基点坐标见表5-8，左端螺纹端基点坐标见表5-9。

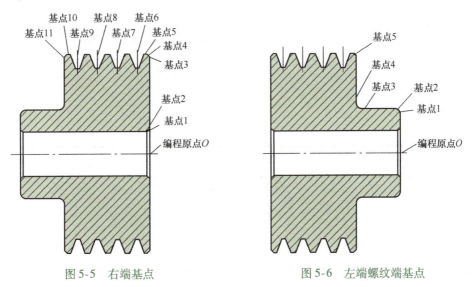

图 5-5　右端基点　　　　　　　　　图 5-6　左端螺纹端基点

表 5-8　右端基点坐标

基点	坐标			备注
	X	Y	Z	
1	44		0	
2	40		−2	
3	176		0	
4	180		−2	
5	180		−5	
6	155		−11.7	
7	155		−30.1	
8	155		−48.5	
9	155		−66.9	
10	180		−76.6	
11	176		−78.6	

表 5-9　左端螺纹端基点坐标

基点	坐标			备注
	X	Y	Z	
1	76		0	
2	80		−2	
3	80		−31.4	
4	100		−41.4	
5	180		−41.4	

5.3.2　编写加工程序

轮毂端加工程序见表5-10，切槽端加工程序见表5-11，切槽子程序见表5-12。

表 5-10 轮毂端加工程序

O0504;	M05;
T0101;	T0202;
G97 G99 M04 S200;	S400 M04;
M08;	M08;
G00 X181 Z0.5;	G00 G42 X81 Z1 D01;
G71 U2 R0.5;	G01 X76 Z0 F0.1;
G71 P10 Q20 U0.5 W0 F0.3;	G01 X80 Z－2;
N10 G00 X82 Z0.5;	G01 Z－31.4;
G01 X76 Z0 F0.1;	G02 X100 Z－41.4 R10 F0.1;
G01 X80 Z－2;	G01 X182;
G01 Z－31.4;	G00 G40 Z100;
G02 X100 Z－41.4 R10 F0.1;	M09;
N20 G01 X182;	M05;
G00 Z100;	M30;
M09;	

表 5-11 切槽端加工程序

O0505;	M05;
T0303;	T0505;
G97 G99 M03 S500;	M04 S500;
M08;	M08;
G00 Z1.5;	G00 Z10;
G00 X0;	G00 X30;
G01 Z －130 F0.2;	G71 U1.0 R0.5;
G00 Z0.5;	G71 P10 Q20 U－0.5 W0 F0.3;
G00 X182;	N10 G01 X45 F0.1 S800;
Z200;	G01 Z0.5;
M09;	G01 X44 Z0 F0.1;
M05;	G01 X40 Z－2;
T0404;	N20 G01 Z－109;
M04 S200;	G70 P10 Q20;
M08;	G00 X38;
G00 Z10;	G00 Z200;
G00 X182;	M09;
G01 X175 Z0 F0.3;	M05;
G01 X180 Z－2.5;	T0606;
G01 Z－76.1;	M04 S500;
G01 X175 Z－79.5;	M08;
G01 X182;	G00 X181;
G00 Z200;	G00 Z－11.7;
S400;	M98 P0506;
G00 Z10;	G00 Z－30.1;
G00 X182;	M98 P0506;
G01 X175 Z0 F0.1;	G00 Z－48.5;
G01 X180 Z－2.5;	M98 P0506;
G01 Z－76.1;	G00 Z－66.9;
G01 X175 Z－79.5;	M98 P0506;
G01 X182;	G00 Z20;
G00 Z200;	M05;
M09;	M30;

表 5-12 切槽子程序

O0506;	G00 U10;
G01 X180 F0.3;	W6;
U-24;	G01 U-10;
G00 U24;	G00 U10;
W1.5;	W-3;
G01 U-21;	G00 W5.2;
G00 U21;	G01 U-25 W-4.3 F0.1;
W-3;	W-1.8;
G01 U-21;	U25 W-4.3;
G00 U21;	G00 W5.2;
W-1.5;	X181;
G01 U-10;	M99;

5.4 零件数控加工

5.4.1 零件装夹、找正及对刀

1）毛坯的装夹与找正。

2）刀具的安装与调整。

3）对刀操作，完成6把刀对刀。

5.4.2 加工程序编辑与验证

1. 程序管理操作

1）新建一个数控程序。

2）删除一个数控程序。

3）检索一个数控程序。

2. 数控车床系统程序编辑

1）移动光标。

2）插入字符。

3）删除输入域中的数据。

4）删除字符。

5）查找。

6）替换。

3. 加工程序验证

1）空运行验证。

2）使用 GRAPH 功能验证轨迹。

5.4.3 零件加工及检验

1）自动运行加工轮毂侧。

2）自动运行加工带槽侧。

3）使用游标卡尺测量直径、杠杆百分表测量内径。

二维码5-3 零件仿真加工

❖ **模块总结**

项目5通过对带轮零件的工艺方案设计，掌握槽类零件的工艺设计的方法；通过带轮零件的编程，掌握 M98、M99 指令的使用方法；通过带轮零件的数控加工，掌握外圆刀具、内孔刀具、切槽刀具的安装与调整；通过带轮零件的加工质量检测，掌握杠杆百分表的使用。

❖ **思考与练习**

1. 切槽过程中刀片宽度应如何选择？
2. 加工结束后，A 形槽圆跳动超差，有可能是什么原因？应如何改进？
3. 典型带轮零件的具体应用有哪些？
4. 切槽刀刀位点应如何选择？
5. 子程序调用的格式是什么？子程序调用中相对坐标应如何使用？

模块6　S形槽零件加工

❖ 任务书

编写图 6-1 所示 S 形槽零件的加工程序，并在数控加工中心上完成零件加工。毛坯为 70mm×70mm×10mm，材料为 45 钢，小批量生产。

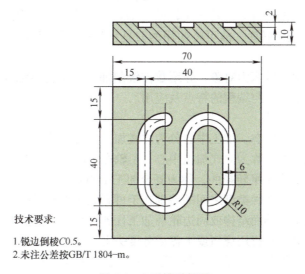

技术要求:

1. 锐边倒棱C0.5。
2. 未注公差按GB/T 1804-m。

图 6-1　S形槽零件图

❖ 任务目标

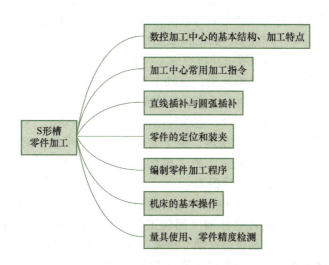

6.1 相关知识点

6.1.1 数控铣床加工基础

铣削加工是机械加工中最常用的加工方法之一，可以进行平面铣削和内、外轮廓铣削，也可以对零件进行钻、扩、铰、镗、锪加工及螺纹加工等。数控铣削除了能完成普通铣床能铣削的各种零件表面外，还能铣削需要 2~5 坐标轴联动的各种平面轮廓和三维空间轮廓。

飞机、涡轮机、水轮机和各类模具中具有高附加值的复杂形状零部件，以前大都采用多道工序和多台机床进行加工。这样不仅加工周期长，而且还因多次装夹而难以达到高精度。有了数控加工中心之后，在一次装夹中可以对坯料的五个面进行平面、曲面、孔和螺纹等多种工序加工，从而大大缩短加工周期并提高加工精度。

通常数控铣床和加工中心在结构、工艺和编程等方面类似。数控铣床与加工中心相比，区别主要在于数控铣床没有自动刀具交换装置（ATC）及刀具库，只能用手动方式换刀，而加工中心因具备 ATC 及刀具库，故可将使用的刀具预先存放于刀具库内，可在程序中通过换刀指令，实现自动换刀。

本章主要以立式数控铣床为对象，介绍数控铣削加工的工艺与编程技术，在此基础上，通过实例说明加工中心工艺与编程的特点及应用。

1. 数控加工中心的类型

按主轴在空间所处的状态，加工中心分为立式加工中心和卧式加工中心。加工中心的主轴在空间处于垂直状态的，称为立式加工中心；主轴在空间处于水平状态的，称为卧式加工中心（主轴可进行垂直和水平转换的，称为复合加工中心）。

立式、卧式加工中心两种类型之间的差别在于可高效加工的工件种类。立式加工中心最适合加工的零件类型是有端面结构或周边轮廓加工任务的零件，如盘盖、板类零件，零件装夹在工作台夹具上或夹持在机用虎钳或卡盘或分度头上。卧式加工中心适合加工在一次装夹有多个加工面加工任务的零件，零件一般安装在回转工作台上，可在卧式加工中心上完成对装夹在回转工作台上的箱体类零件的多个加工面的加工。

（1）立式加工中心　零件一次装夹后可自动连续地完成铣、钻、镗、铰、锪、攻螺纹等多种加工工序，适用于小型板类、盘类、壳类、模具类等复杂零件的多品种小批量加工。这类机床对中小批量生产的机械加工部门来说，可以节省大量工艺设备，缩短生产准备期，确保零件加工质量，提高生产效率，其结构如图 6-2 所示。

从图 6-2 中可看出，X 轴伺服电动机完成左、右进给运动，Z 轴与 Y 轴伺服电动机分别完成上、下进给运动和前、后进给运动，主轴电动机带动主轴的做旋转运动。X 轴、Y 轴、Z 轴伺服电动机都由数控系统控制，可单独运动或多轴联动。动力从主轴电动机经两对交换带轮传到主轴。机床主轴无齿轮传动，主轴转动时噪声低，振动小，热变形小。机床床身上固定有各种部件，其中运动部件有滑座，由 Y 轴伺服电动机带动；滑座上有工作台，由 X 轴伺服电动机带动；主轴箱在立柱上，由 Z 轴伺服电动机带动，可上、下移动。此机床有刀库，可安装各类钻铣类刀具并自动换刀。

（2）卧式加工中心　卧式加工中心的主轴是水平放置的。一般卧式加工中心有 3~5 个坐标轴控制，通常配备一个旋转坐标轴（回转工作台）。卧式加工中心适宜加工箱体类零件，一次装夹可对工件的多个面进行铣削、钻削、镗削、攻螺纹等工序加工，特别适合孔与定位基面或孔与孔之间相对位置精度要求较高的零件的加工，容易保证其加工精度。卧式加

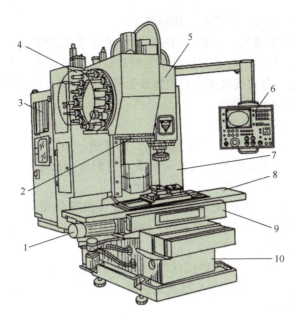

图6-2 立式加工中心

1—X轴伺服电动机 2—换刀机械手 3—数控柜 4—刀库 5—主轴箱
6—操作台 7—电气柜 8—工作台 9—滑座 10—床身

工中心的刀库容量一般比立式加工中心大，结构比立式加工中心复杂，占地面积比立式加工中心大，柔性比立式加工中心强。卧式加工中心的制造成本比立式加工中心高，市场占有量较少，其结构如图6-3所示。

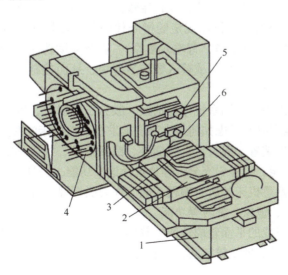

图6-3 卧式加工中心

1—床身 2—工作台 3—托盘 4—刀库 5—换刀机械手 6—主轴

2. 加工中心结构特点

（1）加工中心的主体部分

1）主传动系统及主轴部件使刀具（或工件）产生主切削运动。

2）进给传动系统使工件（或刀具）产生进给运动并实现定位。

3）基础件有床身、立柱、滑座和工作台等。

4）其他辅助装置有如液压、气动、润滑、切削液等系统装置。

5）自动换刀系统。加工中心类数控机床还带有自动换刀系统。为了提高数控加工的可靠性，现代数控机床还带有刀具破损监控装置及工件精度检测、监控装置等。

（2）加工中心在结构上的特点

1）机床的主体刚度高、抗震性好。

2）机床的传动系统结构简单，传递精度高，速度快。加工中心传动装置主要有滚珠丝杠副、静压蜗杆–蜗轮、预加载荷双齿轮–齿条。它们由伺服电动机直接驱动，进给速度快，一般速度可达 20m/min，最高可达 100m/min。

3）主轴系统结构简单，系统无齿轮箱变速系统（也有保留 2～3 级齿轮传动的）。目前，加工中心基本采用全数字交流伺服主轴，使得高速加工的加工中心转速可达数万转。主轴功率大，调速范围宽，定位精度高。

4）加工中心的导轨都采用了耐磨损材料和新结构制造，能长期保持导轨的精度，在高速重切削下，能保证运动部件不振动、低速进给时不爬行及运动中的高灵敏度。

3. 加工中心编程概述

加工中心（Machining Center，MC）是从数控铣床发展而来的。与数控铣床相同的是，加中心是由计算机数控系统、伺服系统、机械本体、液压系统等各部分组成，但加工中心与数控床的最大区别在于加工中心具有自动换刀功能，在刀库中安装不同用途的刀具，可在一次装夹后，通过自动换刀装置更换主轴上的加工刀具，实现钻、铣，镗、扩、铰、攻螺纹、切槽等多种加工功能。

加工中心编程是数控加工的重要步骤。当用加工中心对零件进行加工时，需要首先对零件进行加工工艺分析，以确定加工方法、加工路线，正确选择数控加工刀具和安装方法。然后按照加工工艺要求，根据所用机床规定的指令代码及程序格式、刀具的运动轨迹、位移量、切削参数（主轴转速、进给量、背吃刀量等），以及辅助功能（换刀、主轴正转/反转、切削液开/关等）编写程序单并传送或输入数控装置中，从而控制机床加工零件。加工中心的编程特点主要有以下几点：

1）加工中心具有刀库，控制系统可控轴数一般为三轴以上，可用于难度较大的复杂工件的立体轮廓加工，编程时要考虑如何最大限度地发挥数控机床的特点。

2）加工中心的数控装置一般具有直线插补、圆弧插补、极坐标插补、抛物线插补、螺旋线插补等多种插补功能。编程要充分合理地选择这些功能，提高编程和加工的效率。

3）编程时要充分熟悉机床的所有编程功能。如刀尖圆弧半径补偿、刀具半径补偿、刀具长度补偿、固定循环、镜像、旋转等功能。

4）由直线、圆弧组成的平面轮廓铣削的数学处理比较简单，非圆曲线、空间曲线和曲面的轮廓铣削加工，数学处理比较复杂，一般要采用计算机辅助计算和自动编程软件编制加工程序。

4. 加工中心加工特点

加工中心适用于复杂、工序多、精度要求高、需用多种类型普通机床和多刀种具、工装，经过多次装夹和调整才能完成加工的零件。其主要加工对象有以下五类。

（1）箱体类零件　具有一个以上的孔系，内部有一定型腔，在长、宽、高方向有一定比例的零件，如图 6-4 所示。这类零件主要被应用在机械、汽车、飞机等行业，如汽车的发动机缸体，机床的主轴箱，柴油机缸体，齿轮泵壳体等。

箱体类零件一般需要进行多工位孔系及平面加工,几何公差要求较为严格,通常要经过钻、扩、铰、锪、镗、攻螺纹、铣等工序,不仅需要的刀具多,而且需多次装夹和找正,手工测量次数多,导致工艺复杂、加工周期长、成本高,更重要的是精度难以保证。这类零件在加工中心上加工,通过一次装夹可以完成普通机床60%~95%的工序内容,零件各项精度一致性好、质量稳定,同时生产周期缩短、成本低。对于加工工位较多、工作台需多次旋转角度才能完成的零件,

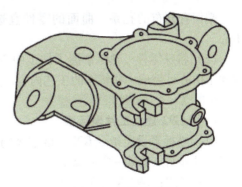

图6-4 箱体类零件

一般选用卧式加工中心;当加工的工位较少,且跨距不大时,可选立式加工中心。

(2)复杂曲面 对于叶轮、螺旋桨、各种曲面成形模具等复杂曲面,采用普通机械加工方法加工是难以胜任甚至是无法完成的,此类零件适宜采用加工中心加工,如图6-5所示。

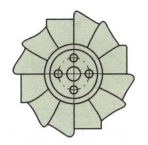 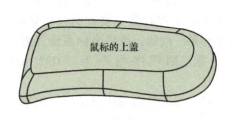

鼠标的上盖

图6-5 复杂曲面零件

就加工的可能性而言,在不存在加工干涉区或加工盲区时,复杂曲面一般可以采用球头立铣刀进行三坐标联动加工。如果零件存在加工干涉区,就必须考虑采用四坐标或五坐标联动的机床。仅加工复杂曲面并不能发挥加工中心自动换刀的优势,因为复杂曲面的加工一般经过粗铣—(半精)精铣—清根等步骤,所用的刀具较少,特别是像模具这样的单件加工。

(3)异形件 异形件是外形不规则的零件,大多需要点、线、面多工位混合加工,如支架、基座、样板、靠模等。图6-6所示为支架。异形件的刚性一般较差,夹压及切削变形难以控制,加工精度也难以保证。这时可充分发挥加工中心工序集中的特点,采用合理的工艺措施,一次或两次装夹,完成多道工序或全部的加工内容。实践证明,当利用加工中心加工异形件时,异形件的形状越复杂,精度要求越高,越能显示其优越性。

(4)盘、套、板类零件 带有键槽、径向孔或端面有分布的孔系、曲面的盘套或轴类零件,以及具有较多孔加工的板类零件,其结构如图6-7所示,适宜采用加工中心加工。

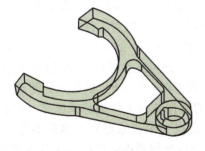 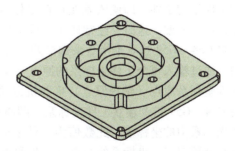

图6-6 支架　　　　　　　　图6-7 板类零件

端面有分布的孔系、曲面的零件宜选用立式加工中心，有径向孔的宜选用卧式加工中心。

（5）特殊零件 熟练掌握了加工中心的功能之后，配合一定的工装和专用的工具，利用加工中心可完成一些特殊的工艺内容，如在金属表面上刻字、刻线、刻图案等。

6.1.2 工件坐标系的建立

1. 用 G92 建立工件坐标系

（1）坐标系设定指令 G92 该指令的作用是将工件坐标系原点（编程原点）设定在相对于刀具起始点的某一空间点上。

编程格式：G92 X __ Y __ Z __；

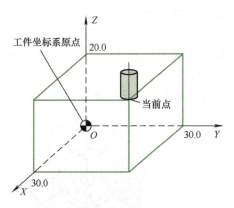

图 6-8 G92 建立工件坐标系

其中，X、Y、Z 指令后的坐标值，实质上就是当前刀具在所设定的工件坐标系中的坐标值。即通过给定刀具起始点在工件坐标系中的坐标值，来反求工件坐标系原点的位置。系统在执行程序"G92 X __ Y __ Z __；"时，刀具并不产生任何运动，系统只是将这个坐标值备存在数控装置的存储器内，从而建立工件坐标系。例如，欲将坐标系设置为如图 6-8 所示位置，则程序指令为 "G92 X30 Y30 Z20；"。

数控铣床 G92 指令与数控车床坐标系设定指令 G50 相同，工件坐标系原点的位置与刀具起始点的位置具有相对关联关系，当刀具起始点的位置发生变化时，工件坐标系原点的位置也会随之发生变化。

（2）用 G92 指令建立工件坐标系时应注意的问题

1）由于 G92 指令为非模态指令，一般放在一个零件程序的第一段。程序段中的"X、Y、Z"的坐标值为刀具在工件坐标系中的坐标，执行此程序段只建立工件坐标系，刀具并不产生运动。工件坐标系建立后，刀具和编程原点的相对位置已被系统记忆，工件坐标系的原点与机床零点（参考点）的实际距离无关。

2）工件坐标系建立后，一般不能将机床锁定后测试运行程序，因为机床锁定后刀具和工件的实际相对位置不会发生变化，而程序运行后，系统记忆的坐标位置可能发生了变化。如果必须要将机床锁定后测试运行程序，则需确认工件坐标系是否发生了变化。若发生变化，则必须重新对刀、建立工件坐标系。

3）用 G92 的方式建立工件坐标系后，如果关机，建立的工件坐标系将丢失，重新开机后必须再对刀以建立工件坐标系。

2. 用 G54 ~ G59 指令建立工件坐标系

批量加工的工件，即使依靠夹具在工作台上准确定位，用 G92 指令来对刀和建立工件坐标系也不太方便。这时，经常使用与机床参考点位置固定的绝对工件坐标系，分别通过坐标系偏置 G54 ~ G59 这 6 个指令来选择调用对应的工件坐标系。这 6 个工件坐标系是在程序运行前，通过输入每个工件坐标系的原点（编程原点）到机床参考点的偏置值而建立的。

工件坐标系原点（编程原点）W 与机床原点（参考点）M（R）的关系如图 6-9 所示。

用 G54 ~ G59 指令建立工件坐标系，即通过对刀操作获得工件坐标系原点（编程原点）在机床坐标系中的坐标值，此数值为工件坐标系的原点（编程原点）到机床参考点的偏置值。这 6 个预定工件坐标系的原点（编程原点）在机床坐标系中的坐标（工件零点偏置值）

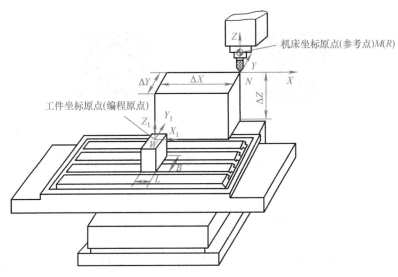

图6-9　工件坐标原点（G54～G59）与机床原点的关系

可用 MDI 方式输入，系统可自动记忆。

3. 局部坐标系的建立

在数控编程中，为了编程方便，有时要给程序选择一个新的参考坐标系，通常是将工件坐标系偏移一个距离。在 FANUC 系统中，通过用 G52 指令来实现这个功能。G52 设定的局部坐标系，其参考基准是当前设定的有效工件坐标系原点，即使用 G54～G59 设定的工件坐标系。

编程格式：G52 X ＿ Y ＿ Z ＿；

其中，X、Y、Z 是指局部坐标系的原点在原工件坐标系中的位置，该值用绝对坐标值加以指定。

"G52 X0 Y0 Z0；"表示取消局部坐标系，其实质是将局部坐标系原点设定在原工件坐标系原点处。

6.1.3　加工中心常用指令

1. 绝对与相对坐标编程（G90、G91）

编程格式：G90；（绝对坐标编程）

　　　　　 G91；（相对坐标编程）

2. 坐标平面设定

在圆弧插补、刀具半径补偿及刀具长度补偿时，必须首先确定一个平面，即确定一个由两个坐标轴构成的坐标平面。

G17：选择 *XY* 平面。

G18：选择 *XZ* 平面。

G19：选择 *YZ* 平面。

G17、G18、G19 指令为模态指令，G17 为系统默认指令。

3. 返回参考点指令

参考点的返回有两种方式：手动返回参考点和自动返回参考点。手动返回参考点是通过机床上的返回零按钮手动返回参考点，操作方法见二维码6-1；自动返回参考点是用于机床开机后已进行手动返回参考点后，通过运行返回参考点程序自动返回参考点，操作方法见二维码6-2。

二维码6-1　手动返回参考点　　二维码6-2　自动返回参考点

（1）返回参考点指令（G28）　G28指令是使刀具从当前点位置以快速定位方式经过中间点回到参考点。

编程格式：G28 X __ Y __ Z __；

其中，X、Y、Z表示中间点的坐标值。指定中间点的目的是使刀具沿着一条安全的路径返回参考点。

指令"G91 G28 X0 Y0 Z0；"则表示刀具从当前位置自动返回参考点。

（2）从参考点返回指令（G29）　G29指令是使刀具从参考点以快速定位方式经过中间点返回。

编程格式：G29 X __ Y __ Z __；

其中，X、Y、Z表示中间点的坐标值。指定中间点的目的是使刀具沿着一条安全的路径从参考点返回。

（3）返回参考点检查指令（G27）　G27用于检查刀具是否按程序正确地返回到参考点。数控机床通常是长时间连续工作的，为了提高加工的可靠性及保证零件的加工精度，可用G27指令来检查编程原点的正确性。

编程格式：G27 X __ Y __ Z __；

其中，X、Y、Z表示参考点在工件坐标系中的坐标值。

执行该指令时，各轴按指令中给定的坐标值快速定位，且系统内部检测参考点的行程开关信号。如果定位结束时，检测到开关信号发令正确，则操作面板上参考点返回指示灯会亮，说明主轴正确回到了参考点位置；否则，机床会发出报警提示（NO.092），说明程序中指定的参考点位置不对或机床定位误差过大。

执行G27指令的前提是机床开机后返回过参考点（手动返回或用G28指令返回）。若先前用过刀具补偿指令（G41、G42或G43、G44），则必须取消补偿（用G40或G49），才能使用G27指令。

4. 辅助功能M

M功能指令是用地址字M后面的数字表示的。

1）M00程序停止，当执行M00指令后，主轴的转动、进给、切削液都将停止。系统中的模态信息全部被保存，以便进行某一手动操作，如换刀、测量工件的尺寸等，按"起动"键，继续执行后面的程序。

2）M01选择停止，与M00的功能基本相似，只有在按下"选择停止"键后，M01才有效，否则机床继续执行后面的程序段；按"起动"键，继续执行后面的程序。

3）M02程序结束，该指令编在程序的最后一条，表示执行完程序内所有指令后，主轴停止、进给停止、切削液关闭，机床处于复位状态。

4）M03用于主轴顺时针方向转动。

5）M04用于主轴逆时针方向转动。

6）M05 用于主轴停止转动。

7）M06 用于加工中心换刀。

8）M07 用于切削液开 1，一般用于打开吹气。

9）M08 用于切削液开 2，一般用于打开切削液。

10）M09 用于切削液关。

11）M30 程序结束并返回，使用 M30 时，除表示执行 M02 的内容外，还返回到程序的第一条语句，准备下一个工件的加工。

5. 进给功能 F

F 功能指令表示刀具进给速度（mm/min）。进给速度 F 在 G01、G02 和 G03 插补方式中生效，并且一直有效，直到被一个新的地址 F 取代为止。

6. 主轴转速

S 功能指令表示数控铣床主轴的转速（r/min）。主轴的旋转方向通过 M 指令实现。如果程序段中不仅有辅助功能 M 指令，还有坐标轴运行（G00 等）指令，则 M 指令在坐标轴运行指令之前生效，即只有在主轴起动之后，坐标轴才开始运行。

7. 刀具功能

T 功能指令表示选择刀具。在自动换刀的数控机床中，T 指令与 M06 指令一起使用，可完成选择刀并调用刀具功能。

编程格式：T __ M06；

其中，T 后面为两位数，用于表示刀具号，如刀具号为一位数，则默认在前面补零，例如当刀具为 1 号刀时，可写成"T1"或"T01"，操作方法见二维码 6-3。

二维码 6-3 换刀操作 二维码 6-4 G00 动作过程

8. 快速定位 G00

G00 功能指令使刀具从当前点快速运动到目标点。

编程格式：G00 X __ Y __ Z __；

其中，X、Y、Z 表示目标点坐标值。

使用 G00 指令时，刀具的移动速度由机床系统参数设定，一般设定为机床最大的移动速度，因此该指令不能用于切削工件。该指令在执行过程中可通过机床面板上的进给倍率调整旋钮，对其移动速度进行调节。

该指令所产生的刀具运动路线可能是直线或折线，如图 6-10 中刀具由 A 点移动到 B 点时，G00 指令的运动路线如图中虚线部分所示。因此需要注意在刀具移动过程中是否会与零件或夹具发生碰撞。其动作过程见二维码 6-4。

可使用 G90/G91 指定其目标点坐标值以绝对坐标或增量坐标方式计算。

【例 6-1】 图 6-10 所示，刀具由 A 点快速移动到 B 点，采用 G00 指令编程如下：

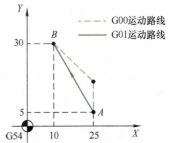

图 6-10 G00/G01 指令编程

G90 G00 X10.0 Y30.0；　　（绝对坐标编程方式）
G91 G00 X－15.0 Y25.0；　　（增量坐标编程方式）

9. 直线插补

G01 指令功能是使刀具以直线插补方式按指定速度以最短路线从刀具当前点运动到目标点。

编程格式：G01 X ＿ Y ＿ Z ＿ F ＿；

其中，X、Y、Z 表示目标点坐标值，F 表示进给速度。

使用 G01 指令编程时，刀具的移动速度由 F 指定，速度可通过程序控制；其移动路线为两点之间的最短距离，移动路线可控，如图 6-10 中 AB 段所示，因此该指令可用于切削工件。该指令在执行过程中可通过机床面板上的进给倍率修调旋钮，对其移动速度进行调节。

可使用 G90/G91 指定其目标点坐标值以绝对坐标或增量坐标方式计算。

【例 6-2】 如图 6-10 所示，刀具由 A 点移动到 B 点，采用 G01 指令编程如下：

G90 G01 X10.0 Y30.0 F400；（绝对坐标编程方式）
G91 G01 X－15.0 Y25.0 F400；（增量坐标编程方式）

10. 圆弧插补（G02、G03）

用 G02、G03 指定圆弧插补，其中，G02 为顺时针圆弧插补，G03 为逆时针圆弧插补。顺时针、逆时针方向判别：从垂直圆弧所在平面的第三坐标轴正方向往负方向看，顺时针用 G02，逆时针用 G03，如图 6-11 所示。圆弧插补指令编程，有圆心编程和半径编程两种格式。

（1）圆心编程格式

G17 G02 \ G03 X ＿ Y ＿ I ＿ J ＿ F ＿；
G18 G02 \ G03 X ＿ Z ＿ I ＿ K ＿ F ＿；
G19 G02 \ G03 Y ＿ Z ＿ J ＿ K ＿ F ＿；

其中，X、Y、Z 表示圆弧终点坐标值，在 G90 绝对坐标编程时，为圆弧终点在工件坐标系下的绝对坐标值；在 G91 增量坐标编程时，为圆弧终点相对于圆弧起点的增量坐标值。

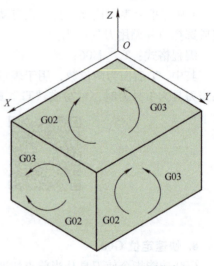

图 6-11　G02、G03 的判别

其中，I、J、K 分别表示圆心相对圆弧起点在 X、Y、Z 轴方向上的增量值，无论在 G90 或 G91 时，其定义相同。I、J、K 的值为零时可以省略。

（2）半径编程格式

G17 G02 \ G03 X ＿ Y ＿ R ＿ F ＿；
G18 G02 \ G03 X ＿ Z ＿ R ＿ F ＿；
G19 G02 \ G03 Y ＿ Z ＿ R ＿ F ＿；

其中，R 表示圆弧半径参数。当圆弧圆心角小于 180°时，R 后的半径值用正数表示；当圆弧圆心角大于 180°时，R 后的半径值用负数表示；当圆弧圆心角等于 180°时，R 后的半径值用正或负数表示均可。

插补整圆时，不可以用 R 编程，只能用 I、J、K 编程。

【例 6-3】 编制图 6-12 所示圆弧的插补程序。

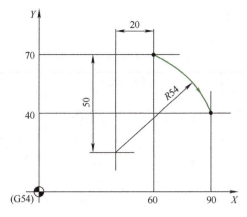

图 6-12　圆弧编程

（1）R 编程格式

1）G90 G02 X90 Y40 R54；　（绝对坐标编程）

2）G91 G02 X30 Y－30 R54；　（增量坐标编程）

（2）I、J 编程格式

1）G90 G02 X90 Y40 I－20 J－50；　（绝对坐标编程）

2）G91 G02 X30 Y－30 I－20 J－50；　（增量坐标编程）

6.2　加工工艺设计

6.2.1　加工工艺分析

该零件毛坯为 70mm×70mm×20mm，槽在 X、Y 平面为 S 形，在 Z 向为直槽，深度 2mm，槽宽 6mm，表面粗糙度值为 $Ra6.3\mu m$，可采用底面定位，用机用虎钳夹紧，6mm 的 2 刃键槽铣刀沿 S 形槽的中线一次走刀加工，以固定钳口、左侧面及上表面为对刀基准，建立工件坐标系如图 6-13 所示。

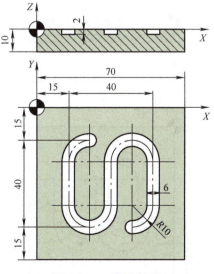

图 6-13　工件坐标系

6.2.2　设计加工工艺卡

加工工艺卡见表6-1。

表6-1　S形槽加工工艺卡

产品名称或代号		毛坯类型及尺寸		零件名称	零件图号
工序号	程序编号	夹具名称	使用设备	数控系统	场地
1	O0601	机用虎钳	加工中心	FANUC 0*i* – MD	实训中心
工步号	工步内容	刀具号	刀具名称	转速 /(r/min)	进给速度 /(mm/min)	背吃刀量 /mm	备注
1	S形槽铣削	T01	键槽铣刀	800	500	2	

6.2.3　设计数控加工刀具卡

数控加工刀具卡见表6-2。

表6-2　S形槽数控加工刀具卡

产品名称 或代号		零件名称		零件图号		
序号	刀具号	刀具名称	刀具 直径	长度	圆角半径	刀具材料	备注
1	T01	键槽铣刀	ϕ6mm		0	高速钢	2 刃

6.3　零件编程

6.3.1　基点坐标计算

工序基点位置如图6-14所示，基点位置坐标见表6-3，刀具从基点1处下刀，在基点8处抬刀，初始平面高度100mm，安全平面高度5mm。

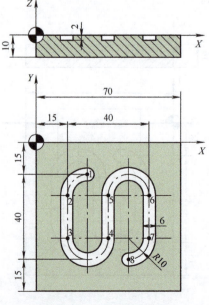

图6-14　工序基点位置

表6-3 基点位置坐标

基点	坐标			备注
	X	Y	Z	
1	25	−15	−2	
2	15	−25	−2	
3	15	−45	−2	
4	35	−45	−2	
5	35	−25	−2	
6	55	−25	−2	
7	55	−45	−2	
8	45	−55	−2	

6.3.2 编写加工程序

加工程序见表6-4。

表6-4 加工程序

```
O0601
G91 G28 Z0;
T01 M06;
G00 G90 G40 G80 G54 X25.0 Y−15.0;
S800 M03;
G43 Z100 H01 M08;
Z5;
G01 Z−2 F200;
G03 X15 Y−25 R10 F500;
G01 Y−45;
```

```
G03 X35 Y−45 R10;
G01 Y−25;
G02 X55 Y−25 R10;
G01 Y−45;
G02 X45 Y−55 R10;
G01 Z5;
G00 Z100 M09;
M05;
G91 G28 Z0;
M30;
```

6.4 零件数控加工

6.4.1 零件装夹、找正及对刀

1）加工中心返回参考点。

2）毛坯装夹与找正。

3）刀具装入刀具库。

4）用寻边器和 Z 轴设定器建立工件坐标系。

6.4.2 加工程序编辑与验证

1. 程序管理操作

1）新建一个数控程序。

2）删除一个数控程序。

3）检索一个数控程序。

2. 数控铣床系统程序编辑

1）移动光标。

2）插入字符。

二维码6-5 装夹、
找正及对刀操作

3）删除输入域中的数据。

4）查找、替换字符。

3. 加工程序验证

1）空运行验证。

2）使用 GRAPH 功能验证轨迹。

6.4.3 零件加工及检验

1）将工件坐标系向上移动 100mm，运行程序并检验。

2）自动运行加工零件。

3）使用游标卡尺和深度尺测量加工尺寸。

二维码 6-6　程序
输入与编辑操作

二维码 6-7　零件
加工及检验操作

❖ 模块总结

本项目主要介绍加工中心 FANUC 系统和机床基本操作、加工中心编程基础等知识。通过 S 形槽零件数控加工程序编制，了解零件工艺设计的方法，掌握选刀、换刀、快速定位、直线插补、圆弧插补等指令的使用方法；通过 S 形槽零件的数控加工，掌握立铣刀刀具的安装与调整、对刀操作与加工坐标系的设置、程序的录入和编辑、机用虎钳的安装与调整、毛坯的定位与找正；通过 S 形槽零件的加工质量检验，掌握深度尺和游标卡尺的使用方法。

❖ 思考与练习

1. 数控铣床的操作面板由哪几个部分组成？如何进行开机操作、回参考点操作、手动换刀操作以及超程解除操作？

2. 机用虎钳如何在工作台上固定、找正？

3. 如何在一个零件上设置多个工件坐标系？

4. 任务书中零件加工完成后如果测量出的槽宽不正确，则可能的原因是什么？

5. 任务书中零件加工完成后如果测量出的槽深为 2.02mm，则可能的原因是什么？可通过什么方法进行调整？

6. 如图 6-15 所示，设定工件坐标系，编写 POS 字母的加工程序，字深 2mm，并通过仿真加工验证程序的正确性。

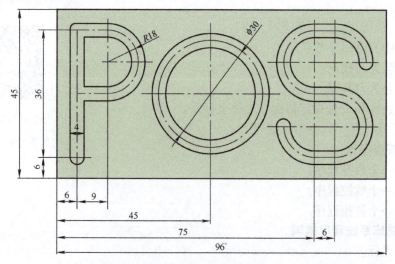

图 6-15　POS 字母零件图

模块7 外轮廓零件加工

❖ 任务书

加工图 7-1 所示的工件，毛坯为 120mm × 100mm × 10mm，材料为硬铝，试分析其数控铣削加工工艺，编写加工程序。

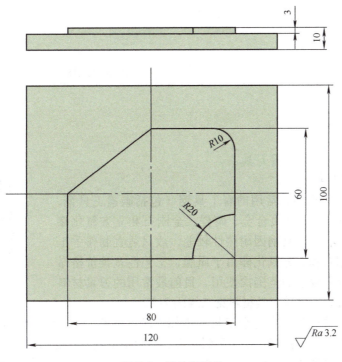

图7-1 外轮廓零件

❖ **任务目标**

7.1 相关知识点

7.1.1 轮廓铣削常用刀具

1. 常用刀具材料

刀具材料的种类很多，常用的有工具钢（包括碳素工具钢、合金工具钢和高速钢）、硬质合金、陶瓷、金刚石和立方氮化硼等。碳素工具钢和合金工具钢因耐热性较差，故只适宜制作手工刀具。陶瓷、金刚石和立方氮化硼由于质脆、工艺性差及价格昂贵等原因，因而仅在较小的范围内使用。目前最常用的刀具材料是高速钢和硬质合金，常见刀具材料见二维码7-1。

二维码7-1 刀具
材料

（1）高速钢 高速钢是在合金工具钢中加入较多的钨、钼、铬、钒等合金元素的高合金工具钢。它具有较高的强度、韧性和耐热性，是目前应用最广泛的刀具材料。因刃磨时易获得锋利的刃口，故高速钢又称锋钢或白钢。高速钢按用途不同，可分为普通高速钢和高性能高速钢。

1）普通高速钢具有一定的硬度（62～67HRC）和耐磨性、较高的强度和韧性，切削钢料时切削速度一般不高于60m/min，不适合高速切削和硬材料的切削。常用的普通高速钢牌号有W18Cr4V、W6Mo5Cr4V2。其中，W18Cr4V具有较好的综合性能，可用于制造各种复杂刀具；W6Mo5Cr4V2的强度和韧性高于W18Cr4V，并具有热塑性好和磨削性能好等优点，但热稳定性低于W18Cr4V，常用于制造麻花钻。

2）在普通高速钢中增加钒、钴、铝等而得到耐热性、耐磨性更高的高性能高速钢，它能在630～650℃时仍保持60HRC的硬度。这类高速钢刀具主要用于加工奥氏体型不锈钢、高强度钢、高温合金、钛合金等难加工的材料。这类钢的综合性能不如普通高速钢，不同的材料只有在各自规定的切削条件下才能达到良好的加工效果，因此其使用范围受到限制。常用的高性能高速钢牌号有 W3Mo3Cr4V2、W6Mo5Cr4V3 及 W6Mo5Cr4V2Al 等。

（2）硬质合金　硬质合金是由硬度和熔点都很高的碳化物（WC、TC、TaC、NbC 等），用 Co、Mo、Ni 作为黏结剂烧结而成的粉末冶金制品。其常温硬度可达 78～82HRC，能耐850～1000℃的高温，切削速度比高速钢高 4～10 倍，但其冲击韧度与抗弯强度远比高速钢差，因此很少做成整体式刀具。实际使用中常将硬质合金刀片焊接或用机械夹固的方式固定在刀体上。我国目前生产的硬质合金主要分为以下三类。

1）K 类（YG），即钨钴类硬质合金，由碳化钨和钴组成。这类硬质合金韧性较好，但硬度和耐磨性较差，适用于加工铸铁、青铜等脆性材料。常用的 K 类硬质合金牌号有 YG8、YG6、YG3。它们制造的刀具依次适用于粗加工、半精加工和精加工。牌号中的数字表示 Co 含量的质量百分数，例如 YG6 即 Co 的质量分数为 6%。Co 含量越多，则韧性越好。

2）P 类（YT），即钨钴钛类硬质合金，由碳化钨、碳化钛和钴组成。这类硬质合金的耐热性和耐磨性较好，但冲击韧度较差，适用于加工钢料等韧性材料。常用的 P 类硬质合金牌号有 YT5、YT15、YT30 等，其中的数字表示碳化钛含量的百分数。碳化钛的含量越高，则耐磨性较好，韧性越低，这三种牌号的硬质合金制造的刀具分别适用于粗加工、半精加工和精加工。

3）M 类（YW），即钨钴钛钽铌类硬质合金，在钨钴钛类硬质合金中加入少量的稀有金属碳化物（TaC 或 NbC）组成。它具有前两类硬质合金的优点，用其制造的刀具既能加工脆性材料，又能加工韧性材料，同时还能加工高温合金、耐热合金及合金铸铁等难加工的材料。常用的 M 类硬质合金牌号有 YW1、YW2。

（3）其他刀具材料

1）涂层硬质合金。这种材料是在韧性、强度较好的硬质合金基体上或高速钢基体上，采用化学气相沉积（CVD）法或物理气相沉积（PVD）法，涂覆一层极薄的硬质和耐磨性极高的难熔金属化合物而得到的刀具材料。通过这种方法，使刀具既具有基体材料的强度和韧性，又具有很高的耐磨性。常用的涂层材料有 TiC、TiN、Al_2O_3 等。TiC 的韧性和耐磨性好；TiN 的抗氧化、抗黏结性好；Al_2O_3 的耐热性好。使用时可根据不同的需要选择涂层材料。

2）陶瓷。其主要成分是 Al_2O_3，刀片硬度可达 78HRC 以上，能耐 1200～1450℃ 的高温，故能承受较高的切削速度。但陶瓷的抗弯强度低，冲击韧度差，易崩刃。陶瓷刀具主要用于钢、铸铁、高硬度材料及高精度零件的精加工。

3）金刚石。金刚石分人造和天然两种，制作切削刀具的材料大多数是人造金刚石，其硬度极高，可达 10000HV（硬质合金仅为 1300～1800HV）。金刚石的耐磨性是硬质合金的80～120 倍，但韧性差，在一定温度下与铁族材料亲和力大，因此一般不宜加工钢铁材料，主要用于硬质合金、玻璃纤维塑料、硬橡胶、石墨、陶瓷、非铁金属等材料的高速精加工。

4）立方氮化硼（CBN）。立方氮化硼是人工合成的超硬刀具材料，其硬度可达 7300～9000HV，仅次于金刚石的硬度。立方氮化硼的热稳定性好，可耐 1300～1500℃ 高温，与铁族材料亲和力小，但强度低，焊接性差。目前主要用于加工淬火钢、冷硬铸铁、高温合金和一些难加工的材料。

2. 常用刀具类型

（1）面铣刀　如图 7-2 所示，面铣刀的圆周表面和端面上都有切削刃，圆周表面的切削刃为主切削刃，端面上的切削刃为副切削刃。面铣刀多为套式镶齿结构，刀齿为高速钢或硬质合金，刀体为40Cr。

刀齿与刀体的安装方式有整体焊接式、机夹焊接式和可转位式三种，其中可转位式是当前最常用的一种夹紧方式，见二维码7-2。根据面铣刀刀具型号的不同，面铣刀直径为φ40~φ400mm，螺旋角为10°，刀齿数为4~20。

二维码7-2 机夹式面铣刀　　二维码7-3 平底立铣刀　　二维码7-4 键槽铣刀

（2）平底立铣刀　如图7-3所示，立铣刀是数控机床上用得最多的一种铣刀。立铣刀的圆柱表面和端面上都有切削刃，圆柱表面的切削刃为主切削刃，端面上的切削刃为副切削刃，它们可同时进行切削，也可单独进行切削。主切削刃一般为螺旋齿，这样可以增加切削平稳性，提高加工精度。由于普通立铣刀端面中心处无切削刃，所以立铣刀不能进行轴向进给，见二维码7-3，端面切削刃主要用来加工与侧面相垂直的底平面。

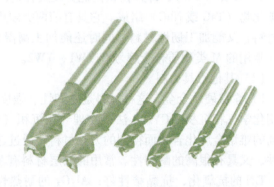

图7-2 面铣刀　　　　　　　　　　图7-3 平底立铣刀

（3）键槽铣刀　如图7-4所示，键槽铣刀一般只有两个刀齿，圆柱面和端面都有切削刃，端面刃延伸至中心，既像立铣刀又像钻头。加工时先轴向进给到槽深，然后沿键槽方向铣出键槽全长，见二维码7-4。

按国家标准规定，直柄键槽铣刀直径为φ2~φ22mm，锥柄键槽铣刀直径为φ14~φ50mm。键槽铣刀直径的精度要求较高，其偏差有e8和d8两种。键槽铣刀重磨时，只需刃磨端面切削刃，因此重磨后铣刀直径不变。

（4）模具铣刀　模具铣刀由立铣刀发展而成，可分为圆锥形立铣刀（圆锥半角α=3°、5°、7°、10°）、圆柱形球头立铣刀和圆锥形球头立铣刀三种，其柄部有直柄和莫氏锥柄两种。模具铣刀中，球头立铣刀在数控机床上应用较为广泛，如图7-5所示。

（5）其他类型铣刀　轮廓铣削加工除以上几种铣刀外，还使用T形铣刀、外圆角铣刀、燕尾铣刀等成形铣刀，见二维码7-5。

二维码7-5 成形铣刀

图 7-4 键槽铣刀

图 7-5 球头立铣刀

7.1.2 数控铣削用量及工艺参数的确定

铣削加工切削用量包括切削速度 v_c、进给速度（进给量）F 和背吃刀量 a_p（侧吃刀量 a_e），其值的大小受切削力、切削功率、被加工表面粗糙度的要求及刀具使用寿命等因素的影响和限制。因此，数控加工中合理的切削用量是指在保证加工质量和刀具寿命的前提下，充分发挥机床性能和刀具切削性能，使切削效率最高，加工成本最低。

1. 背吃刀量 a_p 或侧吃刀量 a_e

如图 7-6 所示，背吃刀量 a_p 为平行于铣刀轴线测量的切削层尺寸，单位为 mm。端面铣削时 a_p 为切削层深度；而圆周铣削时，为被加工表面的宽度。侧吃刀量 a_e 为垂直于铣刀轴线测量的切削层尺寸，单位为 mm。端面铣削时，a_e 为被加工表面的宽度；而圆周铣削时 a_e 为切削层深度。

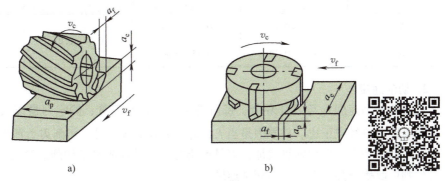

图 7-6 铣削加工的切削用量

二维码 7-6 端面铣削与圆周铣削

背吃刀量或侧吃刀量的选取主要由加工余量和对表面质量的要求决定。吃刀量参考值见表 7-1。

表 7-1　吃刀量参考值　　　　　　　　　　　　　（单位：mm）

工件材料	高速钢铣刀		硬质合金铣刀	
	粗铣	精铣	粗铣	精铣
铸铁	5 ~ 7	0.5 ~ 1	10 ~ 18	1 ~ 2
低碳钢	<5	0.5 ~ 1	<12	1 ~ 2
中碳钢	<4	0.5 ~ 1	<7	1 ~ 2
高碳钢	<3	0.5 ~ 1	<4	1 ~ 2

1）当工件表面粗糙度值要求为 $Ra = 12.5 \sim 25\mu m$ 时，如果圆周铣削加工余量小于 5mm，端面铣削加工余量小于 6mm，粗铣一次进给就可以达到要求。但是在余量较大，工艺系统刚性较差或机床动力不足时，可分为两次进给完成。

2）当工件表面粗糙度值要求为 $Ra = 3.2 \sim 12.5\mu m$ 时，应分为粗铣和精铣两步进行。粗铣后留有 0.5 ~ 1.0mm 余量，在精铣时切除。

3）当工件表面粗糙度值要求为 $Ra = 0.8 \sim 3.2\mu m$ 时，应分为粗铣、半精铣、精铣三步进行。半精铣时背吃刀量或侧吃刀量为 1.5 ~ 2mm；精铣时，圆周铣侧吃刀量为 0.3 ~ 0.5mm，面铣刀背吃刀量为 0.5 ~ 1mm。

2. 进给速度 F 与每齿进给量 f_z

进给速度 F（mm/min）是单位时间内工件与铣刀沿进给方向的相对位移量，每齿进给量 f_z 是指多齿铣刀每旋转一个齿间角时，铣刀相对工件在进给方向上的位移。每齿进给量的选取主要依据工件材料的力学性能、刀具材料、工件表面粗糙度等因素。工件材料强度和硬度越高，f_z 越小；反之则越大。硬质合金铣刀的每齿进给量高于同类高速钢铣刀。工件表面粗糙度要求越高，f_z 就越小。每齿进给量的参考值见表 7-2。进给速度与每齿进给量的关系为 $F = nzf_z$（n 为主轴转速，z 为铣刀齿数）。

表 7-2　铣刀每齿进给量参考值

工件材料	f_z/mm			
	粗铣		精铣	
	高速钢铣刀	硬质合金铣刀	高速钢铣刀	硬质合金铣刀
钢	0.10 ~ 0.15	0.10 ~ 0.25	0.02 ~ 0.05	0.10 ~ 0.15
铸铁	0.12 ~ 0.20	0.15 ~ 0.30		

3. 切削速度 v_c

铣削的切削速度 v_c 与刀具寿命、每齿进给量、背吃刀量、侧吃刀量以及铣刀齿数成反比，而与铣刀直径成正比。其原因是当 f_z、a_p、a_e 和 z 增大时，切削刃负荷增加，而且同时工作的齿数也增多，使切削热增加，刀具磨损加快，从而限制了切削速度的提高，而加大铣刀直径则可改善散热条件，提高切削速度。

铣削加工切削速度 v_c 参考值见表 7-3，也可参考有关切削用量手册中的经验公式通过计算选取。

切削速度 v_c 选好后，根据下列公式计算主轴转速 n，即

$$n = \frac{1000v_c}{\pi d}$$

式中 n——主轴转速（r/min）；

v_c——切削速度（m/min）；

d——刀具直径（mm）。

表7-3 铣削加工的切削速度参考值

工件材料	硬度（HBW）	切削速度/（m/min）		工件材料	硬度（HBW）	切削速度/（m/min）	
		硬质合金铣刀	高速钢铣刀			硬质合金铣刀	高速钢铣刀
低、中碳钢	<225	60~150	20~40	工具钢	200~250	45~80	12~25
	225~290	55~115	15~35				
	300~425	35~75	10~15				
高碳钢	<225	60~130	20~35	灰铸铁	100~140	110~115	25~35
	225~325	50~105	15~25		150~225	60~110	15~20
	325~375	35~50	10~12		230~290	45~90	10~18
	375~425	35~45	5~10		300~320	20~30	5~10
合金钢	<225	55~120	15~35	可锻铸铁	110~160	100~200	40~50
	225~325	35~80	10~25		160~200	80~120	25~35
	325~425	30~60	5~10		200~240	70~110	15~25
					240~280	40~60	10~20
				铝镁合金	95~100	360~600	180~300
不锈钢		70~90	20~35	黄铜		180~300	60~90
铸钢		45~75	15~25	青铜		180~300	30~50

4. 常用碳素钢材料切削用量的选择

在工厂实际生产过程中，切削用量一般根据经验并通过查表的方式来进行选取。常用碳素钢件材料（150~300HBW）切削用量的推荐值见表7-4。

表7-4 常用碳素钢件材料切削用量的推荐值

刀具名称	刀具材料	切削速度v_c/（m/min）	进给量f/（mm/r）	吃刀量a_p/mm
中心钻	高速钢	20~40	0.05~0.10	0.5D
标准麻花钻	高速钢	20~40	0.15~0.25	0.5D
	硬质合金	40~60	0.05~0.20	0.5D
扩孔钻	硬质合金	45~90	0.05~0.40	≤2.5
机用铰刀	硬质合金	6~12	0.3~1	0.10~0.30
机用丝锥	硬质合金	6~12	P（螺距）	0.5P（螺距）
粗镗刀	硬质合金	80~250	0.10~0.50	0.5~2.0
精镗刀	硬质合金	80~250	0.05~0.30	0.3~1
立铣刀或键槽铣刀	硬质合金	80~250	0.10~0.40	1.5~3.0
	高速钢	20~40	0.10~0.40	≤0.8D
面铣刀	硬质合金	80~250	0.5~1.0	1.5~3.0
球头铣刀	硬质合金	80~250	0.2~0.6	0.5~1.0
	高速钢	20~40	0.10~0.40	0.5~1.0

5. 铣削加工切削用量设计原则

（1）粗加工时切削用量 粗加工以高效切除加工余量为主要目的，因此，在保证刀具寿命的前提下，尽可能采用较大的切削用量。而切削用量对刀具寿命的影响顺序是切削速度 v_c 最大，进给量 f 次之，背吃刀量 a_p 最小。所以在机床功率和工艺系统刚性足够的前提下，应首先采用大的背吃刀量 a_p，其次采用较大的进给量 f，最后根据刀具寿命选择合理切削速度 v_c。

（2）精加工（半精加工）时切削用量　精加工时的加工余量较少，而工件的尺寸精度、表面粗糙度要求较高。当背吃刀量 a_p 和进给量 f 过大时，加工的表面粗糙度值增大，不利于工件质量的提高。而当切削速度 v_c 增大到一定值以后，就不会产生积屑瘤，从而有利于提高加工质量。因此，在保证加工质量和刀具寿命的前提下，采用较小的背吃刀量 a_p 和进给量 f，尽可能采用大的切削速度 v_c。

（3）实际应用　一般让 Z 方向的背吃刀量不超过刀具的半径。直径较小的立铣刀，背吃刀量 a_p 一般不超过刀具直径的 1/3。侧吃刀量 a_e 与刀具直径大小成正比，与背吃刀量 a_p 成反比，一般侧吃刀量 a_e 取 0.6 ~ 0.9 倍的刀具直径。需要注意的是，在型腔粗加工中，由于立铣刀向下切削的能力较弱，切入时应选用较小的进给量和切削速度，切入后的第一刀加工，刀具为全刃切削，切削力大，切削条件差，也应适当减小进给量和切削速度。

【例 7-1】　用 $\phi16mm$ 的高速钢铣刀加工 $\phi50mm$ 凸台的外圆柱面，刀具齿数 $z=4$，工件材料为 45 钢，要求外圆表面粗糙度为 $Ra3.2\mu m$，试计算主轴转速 n 和进给速度 F。

解：根据表 7-4，选择切削速度 v_c 为 30m/min，根据表 7-2，选择每齿进给量 f_z 为 0.03mm/z，由公式计算可知：

主轴转速：$n = \dfrac{1000v_c}{\pi d} = \dfrac{1000 \times 30}{3.14 \times 16}r/min \approx 597r/min$，取 $n = 600r/min$。

进给速度：$F = nzf_z = 600 \times 4 \times 0.03mm/min = 72mm/min$，取 $F = 70mm/min$。

7.1.3　刀具半径补偿

1. 刀具半径补偿概念

在加工轮廓（包括外轮廓、内轮廓）时，由刀具的刃口产生切削，而在编制程序时，是以刀具中心来编制的，即编程轨迹是刀具中心的运行轨迹，这样，加工出来的实际轨迹与编程轨迹偏差刀具半径，如图 7-7 所示，这是在进行实际加工时所不允许的。

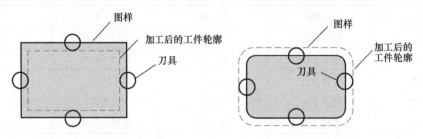

图 7-7　实际轨迹与编程轨迹偏差图

为了解决这个矛盾，可以建立刀具半径补偿，使刀具在加工工件时，能够自动偏移编程轨迹一个刀具半径值，即刀具中心的运行轨迹偏移编程轨迹一个刀具半径，形成正确加工。

2. 刀具半径补偿指令及格式

G00/G01 G41 X __ Y __ D __；（刀具半径左补偿）

G00/G01 G42 X __ Y __ D __；（刀具半径右补偿）

G00/G01 G40 X __ Y __；（取消刀具半径补偿）

其中，X、Y 为建立补偿直线段的终点坐标值；D 为补偿号，即存储刀补值的存储器地址号，用 D00～D99 来指定，用它来调用已设定的刀具半径补偿值。刀补号和对应的补偿值可用 MDI 方式输入，输入方法见二维码 7-7。

G41 是刀具半径左补偿指令，即沿着刀具运动方向看，刀具位于工件轮廓的左边，称左刀补；G42 是刀具半径右补偿指令，即沿着刀具运动方向看，刀具位于工件轮廓的右边，称右刀补。G41 与 G42 的判别如图 7-8 所示。

G40 是取消刀具半径补偿指令。

二维码 7-7　刀具半径补偿

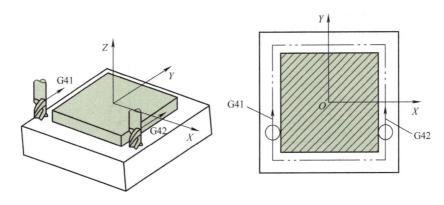

图 7-8　G41 与 G42 的判别

3. 刀补过程

刀具半径补偿是一个让刀具中心相对于编程轨迹产生偏移的过程。G41、G42 及 G40 本身并不能使刀具直接产生运动，而是在 G00 或 G01 运动的过程中，逐渐使刀具偏移的。刀具半径补偿的过程可分为三步，如图 7-9 所示。A 为工件切入点，B 为切出点，p1～p4 为工件轮廓基点。编程轨迹为起点→A→p2→p3→p4→B→起点。

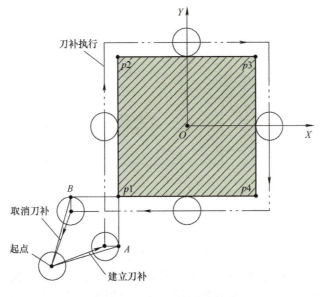

图 7-9　半径补偿过程

1）刀补的建立。刀具从起点运动到 A 点时，刀心点从与编程轨迹重合过渡到与编程轨迹偏离一个偏置量。

2）刀补执行。在切削过程中，刀具中心始终与编程轮廓轨迹相距一个偏置量。

3）刀补的取消。刀具从点 B 运动到起点，刀心点从与编程轨迹偏离一个偏置量逐渐过渡到与编程轨迹重合。

4. 刀具半径补偿的注意事项

1）刀具半径补偿的建立与取消必须与 G00 或 G01 同时使用，且在半径补偿平面内至少一个坐标的移动距离不为零。

2）刀具半径补偿在建立与取消时，起始点与终止点位置最好与补偿方向在同一侧，以防止产生过切现象，如图 7-10 所示。

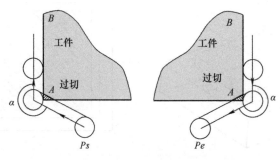

图 7-10　过切现象

3）在刀具半径补偿的建立与取消的程序段后，一般不允许存在连续两段以上的非补偿平面内移动指令，否则将会出现过切现象或出错。

4）一般情况下，刀具半径补偿量应为正值。如果补偿为负，则效果正好是 G41 和 G42 相互替换。

5）在刀具正转的情况下，采用左刀补铣削为顺铣，而采用右刀补铣削则为逆铣，如图 7-11 所示。

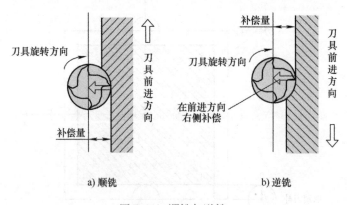

图 7-11　顺铣与逆铣

顺铣时，铣刀刀齿切入工件时的切削厚度由最大逐渐减小到零。刀齿切入容易，且铣刀后刀面与已加工表面的挤压、摩擦小，切削刃磨损慢，加工出的工件表面质量高；但当工件表面有硬皮和杂质时，容易产生崩刃而损坏刀具，故顺铣一般用于精加工。

逆铣时，切削刃沿已加工表面切入工件，切削厚度由零逐渐增大到最大，刀齿存在

"滑行"和挤压，使已加工表面质量差，刀齿易磨损，常用于工件表面有硬皮和杂质时的粗加工。

5. 刀具半径补偿指令在加工中的应用

1）自动计算刀具中心轨迹，简化编程。

2）用同一程序、同一尺寸的刀具，利用刀具半径补偿，可进行粗、精加工。

3）刀具因磨损、重磨、换新刀而引起刀具直径改变后，不必修改程序，只需在刀具参数设置中输入变化后的刀具半径或磨损量。

【**例7-2**】　如图7-12所示，精铣零件拱形凸台轮廓。设定工件材料为硬铝，刀具为D12mm的立铣刀，刀具材料为高速钢。

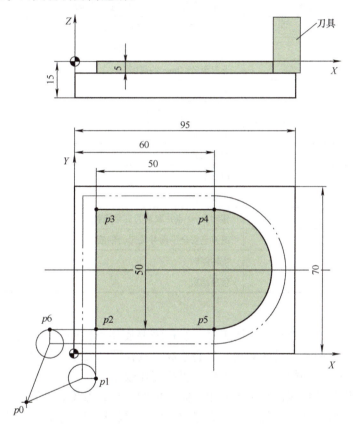

图7-12　凸台轮廓精铣

（1）加工工艺分析

1）工件采用机用虎钳装夹，其下表面用垫铁支承，用百分表找正。

2）零件拱形凸台轮廓已完成粗加工，留有余量，只需沿工件轮廓完成精加工。设定刀具半径补偿值为D01：$R = 6$mm。加工时刀具在工件轮廓外（$p0$点）垂直下刀至5mm深。

3）加工工艺路线：按照$p0 \rightarrow p1 \rightarrow p3 \rightarrow p4 \rightarrow p5 \rightarrow p6 \rightarrow p0$各基点顺序加工编程。

4）切削用量选择：主轴转速为1200r/min（实际主轴转速、进给速度可以根据加工情况，通过操作面板上倍率开关调节），进给速度为200mm/min。

5）建立如图7-11所示工件坐标系。

6）切入点$p1$和切出点$p6$通常选择在零件轮廓的延长线或切线上，与工件外轮廓距离应大于刀具半径（本题为10mm）。各基点水平面内坐标：$p0(-20, -20)$、$p1(10, -10)$、$p3(10, 60)$、$p4(60, 60)$、$p5(60, 10)$、$p6(-10, 10)$。

（2）加工程序编制　加工程序见表7-5。

表7-5　拱形凸台轮廓精加工程序

程　序	注　释
O0701	程序名
G91 G28 Z0;	回参考点
T01 M06;	换 ϕ12mm 铣刀
G00 G90 G40 G80 G54 X-20 Y-20;	程序安全保护，刀具快速定位至 $p0$
M03 S1200;	主轴正转，转速为 1200r/min
G43 Z100 H01 M08;	建立刀具长度补偿，抬刀至初始表面100mm处
Z5;	下刀至 Z5.0mm 的高度
Z-5;	下刀至切深深度
G41 G00 X10 Y-10. D01;	移动至 $p1$ 点并建立刀具半径补偿
G01 Y60 F200;	切削至 $p3$
X60;	切削至 $p4$
G02 Y10 R25.;	切削至 $p5$
G01 X-10;	切削至 $p6$
G00 G40 X-20 Y-20;	移动至 $p0$ 点并取消刀具半径补偿
Z100 M09;	退刀至安全平面并关闭切削液
M05;	主轴停转
M30;	程序结束

7.1.4　刀具长度补偿

在数控机床上加工零件时，不同工序，往往需要使用不同的刀具，这就使刀具的直径、长度发生变化，或者由于刀具的磨损，也会造成刀具长度的变化。为此，在数控机床系统中设置了刀具长度补偿的功能，以简化编程，提高工作效率。

所谓刀具长度补偿功能，是指当使用不同规格的刀具或刀具磨损后，可通过刀具长度补偿指令补偿刀具长度尺寸的变化，而不必修改程序或重新对刀，达到加工要求。

在 G17 的情况下，刀具长度补偿 G43 和 G44 是指用于 Z 轴的补偿；在 G18 的情况下，对 Y 轴补偿；在 G19 的情况下，对 X 轴补偿。

编程格式：G01 G43 H __ Z __;（刀具长度正补偿）

　　　　　　G01 G44 H __ Z __;（刀具长度负补偿）

　　　　　　G01 G49 Z __;（取消刀具长度补偿）

其中，H 表示长度补偿值地址字，后面的两位数字表示补偿号，刀具长度补偿输入方法见二维码7-8。

二维码7-8　刀具长度补偿

一把基准刀具，使用 G43 指令时，将 H 代码指定的刀具长度补偿值加在程序中由运动指令指定的 Z 轴终点位置坐标上，即

$$Z 轴的实际坐标值 = Z 轴的指令坐标 + 长度补偿值$$

使用 G44 指令时为：

$$Z\text{轴的实际坐标值}=Z\text{轴的指令坐标}-\text{长度补偿值}$$

如果设定长度补偿值 H 为正值，则 G43、G44 的补偿效果如图 7-13 所示。如果长度补偿值 H 为负值，则 G43、G44 的补偿效果相当于两者互换。

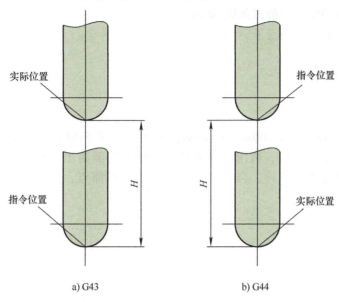

a) G43   b) G44

图 7-13 长度补偿功能示意（H 为正值时）

补偿值的确定一般有两种情况：一是有机外对刀仪时，以主轴轴端中心作为对刀基准点，以刀具伸出轴端的长度作为 H 中的偏置量。另一种常见于无对刀仪时，如果以标准刀的刀位点作为对刀基准，则刀具与标准刀的长度差值作为其偏置量。该值可以为正，也可以为负。为了不混淆 G43、G44 的用法，通常都采用 G43 指令，规定如果刀具长度大于标准刀长度，H 取正值；如果刀具长度小于标准刀长度，H 取负值。从而达到补偿的目的。

> 🐦 **注意**：
>
> 1）G43、G44、G49 为模态指令。
>
> 2）G43、G44、G49 指令本身不能产生运动，长度补偿的建立与取消必须与 G00（或 G01）指令同时使用，且在 Z 轴方向上的位移量不为零。

【例 7-3】 如图 7-14 所示，在立式加工中心上以标准刀对刀并建立工件坐标系 G54，设输入值 H01 为 –30mm，H02 为 10mm。试问：

1）如何编程使刀具 T01 到达坐标 Z100？

2）如何编程使刀具 T02 到达坐标 Z100？

3）如何编程使刀具 T01 到达坐标 Z5？

4）如果刀具 T01 执行程序"G90 G54 G00 Z5；"后，Z 轴坐标的实际位置为多少，为什么？

5）如果刀具 T01 执行程序"G90 G54 G44 G00 Z5 H01；"后 Z 轴坐标的实际位置为多少，为什么？

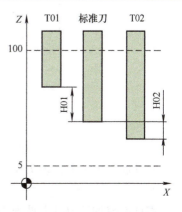

图 7-14 长度补偿应用

解：1）G90 G54 G43 G00 Z100 H01；

2）G90 G54 G43 G00 Z100 H02；

3）G90 G54 G43 G00 Z5 H01；

4）Z35；因为 T01 比标准刀具短 30mm。

5）Z65；因为补偿方向反了。

7.2　加工工艺设计

7.2.1　加工工艺分析

该零件毛坯为 120mm×100mm×10mm，外轮廓在 *Z* 向铣削深度 3mm，表面粗糙度 *Ra*3.2μm，可采用底面定位，机用虎钳夹紧，毛坯上表面高出机用虎钳 5mm，轮廓铣削采用粗加工和精加工两道工序，以上表面正中心为编程原点，建立工件坐标系如图 7-15 所示。

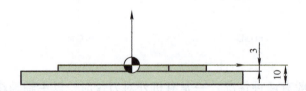

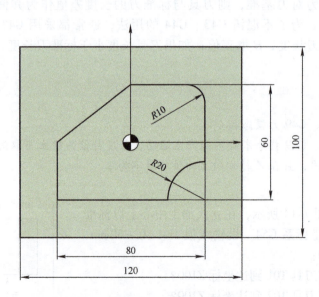

图 7-15　工件坐标系

7.2.2　设计加工工艺卡

零件加工工艺卡见表 7-6。

7.2.3　设计数控加工刀具卡

零件数控加工刀具卡见表 7-7。

表7-6 零件加工工艺卡

产品名称或代号		毛坯类型及尺寸		零件名称	零件图号
工序号	程序编号	夹具名称	使用设备	数控系统	场地
1	O0702	机用虎钳	加工中心	FANUC 0i – MD	实训中心

工步号	工步内容	刀具号	刀具名称	转速/(r/min)	进给速度/(mm/min)	背吃刀量/mm	备注
1	轮廓粗加工	T01	立铣刀	800	500	2	
2	轮廓精加工	T02	立铣刀	1200	600	2	

表7-7 零件数控加工刀具卡 （单位：mm）

产品名称或代号			零件名称		零件图号		
序号	刀具号	刀具名称	刀具			刀具材料	备注
			直径	长度	圆角半径		
1	T01	立铣刀	ϕ16mm		0.8mm	高速钢	2刃
2	T02	立铣刀	ϕ14mm		0	高速钢	4刃

7.3 零件编程

7.3.1 基点坐标计算

基点坐标计算过程如下：

1）工步1粗铣外轮廓，留取精加工余量0.2mm，刀路轨迹和各基点的位置如图7-16所示，各基点坐标见表7-8。

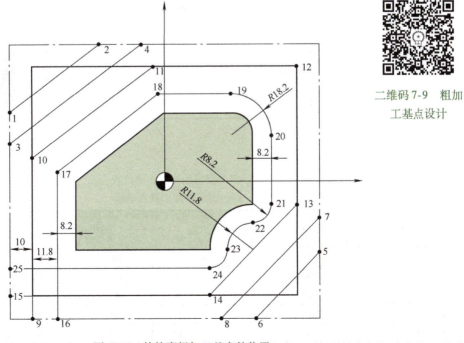

二维码7-9 粗加工基点设计

图7-16 外轮廓粗加工基点的位置

表 7-8　外轮廓粗加工基点坐标

基点	坐标			基点	坐标		
	X	Y	Z		X	Y	Z
1	−70	29.9		14	20	−50	
2	−28.5	60		15	−70	−50	
3	−70	16.3		16	−48.2	−60	
4	−9.9	60		17	−48.2	−4.1	
5	70	−31		18	−2.7	38.2	
6	41	−60		19	30	38.2	
7	70	−15.5		20	48.2	20	
8	25.5	−60		21	48.2	−10	
9	−60	−60		22	40	−18.2	
10	−60	10		23	28.2	−30	
11	−5	50		24	20	−38.2	
12	60	50		25	−70	−38.2	
13	60	−10					

2）工步 2 外轮廓精加工，刀路轨迹和各基点的位置如图 7-17 所示，各基点坐标见表 7-9。

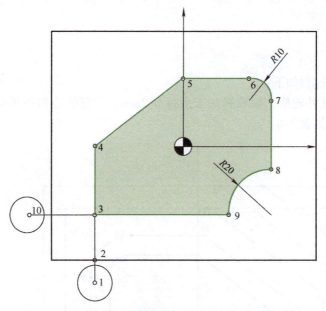

二维码 7-10　精加
工基点设计

图 7-17　外轮廓精加工基点的位置

表 7-9　外轮廓粗精加工基点坐标

基点	坐标			基点	坐标		
	X	Y	Z		X	Y	Z
1	−40	−60		6	30	30	
2	−40	−50		7	40	20	
3	−40	−30		8	40	−10	
4	−40	0		9	20	−30	
5	0	30		10	−70	−30	

7.3.2　编写加工程序

外轮廓粗、精加工程序见表7-10。

表 7-10　外轮廓粗、精加工程序

O0702	G01 Z－3；
G91 G28 Z0；	X－48.2 Y－4.1；
T01 M06；	X－2.7 Y38.2；
G17 G21 G40 G80 G54 G90 G00；	X30；
G43 Z100 H01；	G02 X48.2 Y20 R18.2；
X－70 Y29.9；	G01 X48.2 Y－10
Z5；	G02 X40 Y－18.2 R8.2；
M03 S800；	G03 X28.2 Y－30 R11.8；
G01 Z－3 F500 M08；	G02 X20 Y－38.2 R8.2；
X－28.5 Y60；	G01 X－70；
G00 Z5；	Z5；
X－70 Y16.3；	G91 G28 Z0；
G01 Z－3；	T02 M06；
X－9.9 Y60；	G17 G21 G40 G80 G54 G90 G00；
G00 Z5；	G43 Z100 H01；
X70 Y－31；	X－40 Y－60；
G01 Z－3；	Z5；
X41 Y－60；	S1200 M03；
G00 Z5；	G01 Z－3 F600；
X70 Y－15.5；	G41 Y－50 D01；
G01 Z－3；	Y0；
X25.5 Y－60；	X0 Y30；
G00 Z5；	X30；
X－60 Y－60；	G02 X40 Y20 R10；
G01 Z－3；	G01 Y－10；
Y10；	G03 X20 Y－30 R20；
X－5 Y50；	G01 X－70；
X60 Y50；	Z5；
X60 Y－10；	G40 G00 X0 Y0；
X20 Y－50；	G91 G28 Z0；
X－70；	M05 M09；
G00 Z5；	M30；
X－48.2 Y－60；	

7.4　零件加工

7.4.1　零件装夹、找正及对刀

1）加工中心返回参考点。

2）毛坯装夹与找正。

3）刀具装入刀具库。

4）用寻边器和Z轴设计议建立工件坐标系。

二维码 7-11　装夹、
找正及对刀操作

7.4.2　加工程序输入与编辑

1）机床坐标界面操作。

2）刀具半径补偿参数的输入。

3）从 CF 卡导入加工程序。

7.4.3　零件加工及检验

1）将工件坐标系向上移动 100mm，运行程序并检验。

2）自动运行程序，加工零件。

3）使用游标卡尺和深度尺测量加工尺寸。

4）分析刀具半径补偿数值对实际加工精度的影响。

二维码 7-12　程序
输入操作

❖ 模块总结

本项目主要介绍了数控加工中心常用的刀具材料及刀具类型，通过外轮廓零件的数控编程与加工，掌握刀具半径补偿和刀具长度补偿的编制方法及应用，顺铣与逆铣的加工特点及应用场所，粗加工与精加工时基点坐标的计算方法；通过外轮廓零件的实际加工，学会运用 CF 卡将加工程序导入机床和将机床加工程序导入 CF 卡的一般方法和步骤；通过对外轮廓零件的加工质量检测，掌握运用刀具半径补偿及长度补偿功能调整零件尺寸加工精度的方法。

二维码 7-13　零件
加工及检验操作

❖ 思考与练习

1. 常用的高硬度刀具材料有哪些？简述其性能特点和使用范围。

2. 数控铣加工中使用刀具半径补偿的意义何在？

3. 应用 G41/G42 指令建立刀具半径补偿时有哪些注意事项？

4. 平面上过已知两点用同一个半径可以画出几个圆？请画出来。

5. 加工图 7-18 所示的 T 形件，坯料为 60mm×36mm×17mm，材料为 45 钢，分析零件的加工工艺，编制数控加工程序。

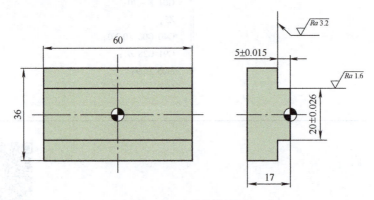

图 7-18　T 形件零件图

6. 加工图 7-19 所示的多边形件，坯料为 50mm×50mm×15mm，材料为 45 钢，分析零件的加工工艺，编制数控加工程序。

7. 加工图 7-20 所示的圆弧凸台，坯料为 80mm×60mm×20mm，材料为 45 钢，分析零

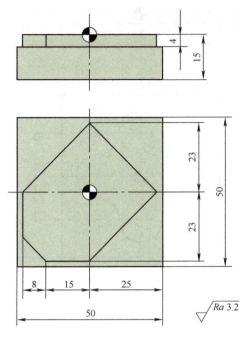

图 7-19　多边形件零件图

件的加工工艺，编制数控加工程序。

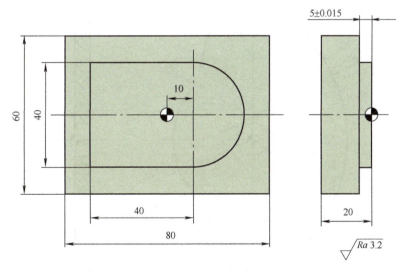

图 7-20　圆弧凸台零件图

8. 加工图 7-21 所示的梅花凸台，坯料为 60mm×60mm×12mm，材料为 45 钢，分析零件的加工工艺，编制数控加工程序。

9. 精加工图 7-22 所示的凸轮轮廓，侧面精加工余量 0.5mm，材料为 45 钢，分析零件的加工工艺，编制数控加工程序。

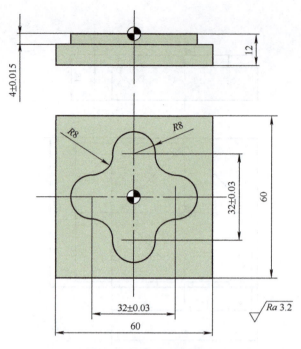

图 7-21　梅花凸台零件图

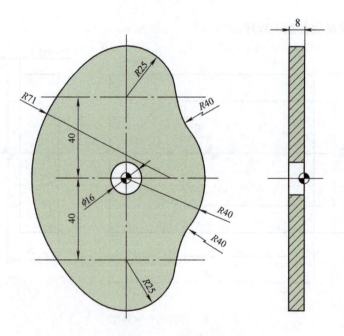

图 7-22　凸轮零件图

模块8　内轮廓零件加工

❖ **任务书**

加工图 8-1 所示的内轮廓零件，毛坯为 120mm×70mm×20mm，材料为硬铝，试分析其数控铣削加工工艺，编写加工程序。

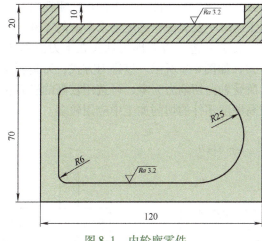

图 8-1　内轮廓零件

❖ **任务目标**

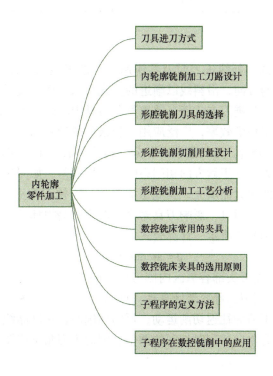

8.1　相关知识点

8.1.1　内轮廓铣削加工工艺

内轮廓加工又称型腔加工，是一种去除封闭区域内材料的加工方法，该封闭区域由侧壁和底面围成，侧壁和底面可以是平面、斜面、曲面、球面以及其他形状，轮廓内部可以全空或有孤岛。内轮廓加工排屑困难，散热条件差，进刀方式、走刀路线、刀具及切削用量的选择等对内轮廓加工质量影响较大，加工工艺设计时需重点考虑。

1. 刀具进刀方式

（1）垂直进刀方式　采用垂直进刀时，刀具中心切削速度为零，因此只能选择切削刃过中心的键槽铣刀进行加工，且应选用较低的切削进给速度，不能采用中心无切削刃的平底立铣刀进行加工。该下刀方式，加工平稳性差，工件表面粗糙度大，切削刃磨损也较快，通常只用于材料硬度低、加工区域小及表面粗糙度要求不高的零件加工。

（2）工艺孔进刀方式　工艺孔进刀方式即用钻头在下刀点提前加工出工艺孔，再以平底立铣刀进行 Z 向垂直进刀，如图 8-2 所示。该进刀方式，刀具所受轴向切削力小，当工艺孔大于铣刀直径时，刀具所受轴向切削力为零，可选用较高的进刀速度，也能在一定程度上提高刀具的使用寿命，在高硬度零件的切削加工中应用较多。

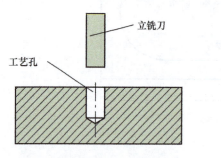

图 8-2　通过预钻孔下刀铣形腔

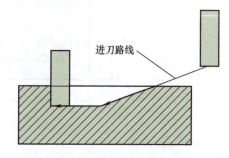

图 8-3　立铣刀斜线下刀

（3）斜线式进刀方式　斜线进刀时刀具快速下至加工表面上方一个距离后，改为以一个与工件表面成一角度的方向，沿斜线以渐进的方式切入工件，直至切削深度，然后转入正式切削，如图 8-3 所示。此进刀方式能有效地避免刀具中心处切削速度过低的缺点，改善了刀具的切削条件，提高了切削效率，广泛应用于长条形的型腔和大尺寸的内轮廓粗加工。

1）斜线下刀的角度分析。刀具的端刃部分旋转后形成一个环状体，当刀具沿一斜线下刀时，处于前方的切削刃与处于后方的切削刃间存在切深差，如图 8-4 所示；此切深差随着刀轨与工件上表面夹角的增大而增大，当此切深差超过立铣刀端刃的容屑区域内侧刃长时，工件上的残留材料就会挤压刀具，影响刀具寿命，严重时会损坏刀具。斜线下刀的刀轨与工件上表面夹角的极限如图 8-5 所示，计算公式为

$$\theta = \arctan(h/d)$$

式中　h——平底立铣刀端刃头部容屑区内侧刃长（mm）；

　　　d——平底立铣刀端刃头部容屑区直径（mm）。

进一步考虑到斜线下刀为往返切削运动，反向切削时，切削路线后部切削刃承担的切深逐渐加大，此时的切深为单向切削时切深的两倍，因此下刀角度应调整为

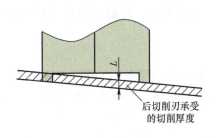

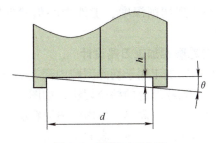

图 8-4 前后切削刃间的切削深差　　　　　图 8-5 斜线下刀角度

$$\theta = \arctan\left[h/(2d)\right]$$

2）斜线下刀的切削长度。当切削行程不够时，容屑区内侧切削刃会产生切削不到的区域，从而产生了材料残留。因此其切削行程必须大于或等于平底立铣刀端刃头部容屑区直径 d，即端刃移动轨迹必须覆盖整个切削区，端刃的切削区域必须相接或重叠。

（4）螺旋进刀方式　螺旋进刀，即在两个切削层之间，刀具从上一层的高度沿螺旋线以渐进的方式切入工件，通过刀片的侧刃和底刃切削，避开刀具中心无切削刃部分与工件的干涉，从而达到进刀的目的，如图 8-6 所示。以螺旋下刀方式铣削型腔时，能有效避免轴向垂直受力所造成的振动，可以在切削平稳性和切削效率之间取得一个较好的平衡，其螺旋角通常控制在 $1.5° \sim 5°$ 之间。

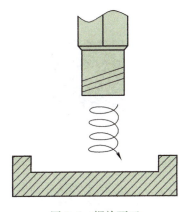

图 8-6 螺旋下刀

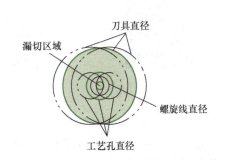

图 8-7 螺旋半径小于刀具中心孔的螺旋轨迹图

1）最小螺旋半径。平底立铣刀端面切削刃不到中心，其中心有一个工艺孔，孔的直径一般为刀具直径的35%。当螺旋半径小于工艺孔的半径时，工艺孔内的材料无法被完全切除，造成漏切，如图 8-7 所示，刀具会因受孔下漏切材料的挤压而产生顶刀，会造成"烧刀"或者"断刀"现象。故刀具的最小螺旋半径应大于刀具中心孔的半径。

2）最大螺旋半径。当螺旋半径大于刀具半径的时，螺旋中心处区域内的材料将会产生漏切，如图 8-8 所示，导致螺旋下刀已经完成即

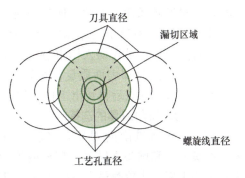

图 8-8 螺旋半径大于刀具
半径时的螺旋轨迹图

Z 向已经达到切削深度，工件中心仍然保留了一个小圆台。故最大螺旋半径不能超过刀具半径。

2. 内轮廓粗加工刀路设计

内轮廓粗加工用于切除型腔内部大部分材料，常见矩形腔粗加工路线有行切法、环切法和行切与环切相结合的综合切法，如图 8-9 所示。行切法走刀路线见二维码 8-1，刀具距离短，节点坐标计算简单，但内壁表面粗糙度最差；环切法走刀路线见二维码 8-2，刀具沿型腔内轮廓形状走刀，内壁表面质量高，但走刀路线长，手动编程时节点坐标计算工作量大；综合法直刀路线见二维码 8-3，其结合了行切法和环切法的优点，内壁表面粗糙度较行切好，走刀路线较坏切短。

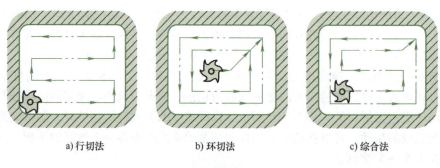

a) 行切法   b) 环切法   c) 综合法

图 8-9 矩形腔粗加工走刀路线

二维码 8-1 行切法   二维码 8-2 环切法   二维码 8-3 综合法

常见的圆形腔粗加工路线如图 8-10 所示，刀具从中心下刀，由里向外逐渐切削，保留精加工余量。

3. 内轮廓精加工刀路设计

精加工内轮廓表面时，为保证零件表面质量，刀具应沿一过渡圆弧切入工件，加工完成后再沿一圆弧切出工件。如图 8-11 所示，切入点和切出点为同一点，这种走刀路线易在切入切出点处产生接刀痕，为减少刀痕，提高轮廓表面质量，可增加一重叠距离，让刀具在切过切入点后再切出工件，如图 8-12 所示。

4. 内轮廓铣削刀具的选择

适合内轮廓铣削的刀具有平底立铣刀、键槽铣刀、圆鼻铣刀和球头立铣刀。精铣内轮廓时，其刀具

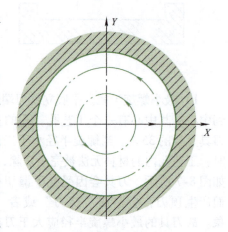

图 8-10 圆形腔粗加工路线

半径要小于零件内轮廓最小曲率半径，刀具半径一般取内轮廓最小曲率半径的 0.8 ~ 0.9 倍，粗加工时，在不干涉内轮廓的前提下，尽量选取直径较大的刀具，因为直径大的刀具比直径小的刀具抗弯强度大，加工效率高。

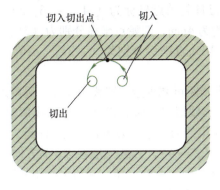

图 8-11 切入点切出点为同一点

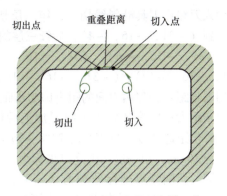

图 8-12 切入点切出点不为同一点

在刀具切削刃（螺旋槽长度）满足最大深度的前提下，尽量缩短刀具伸出的长度，立铣刀的长度越长，刚性越差，受力弯曲变形大，这样会影响加工质量，并容易产生振动、加速切削刃的磨损。

5. 内轮廓铣削加工工艺分析

【例8-1】 图 8-13 所示的零件，材料为硬铝，毛坯为 $100mm \times 70mm \times 15mm$，试分析其数控铣削加工工艺。

（1）加工任务 零件铣削区域为长 $80mm \times 50mm \times 15mm$ 矩形封闭通槽，最小内轮廓半径 $R6mm$，表面粗糙度值 $Ra3.2\mu m$，工件坐标系设置在上表面正中心。

（2）加工方法 粗加工刀具沿 Z 字形路线在封闭区域内来回走刀，切削路线短，切削效率高，但加工表面会留下扇形残留量，切削余量不均匀时很难保证精加工的加工质量，可通过半精加工消除粗加工留下的扇形残留量。

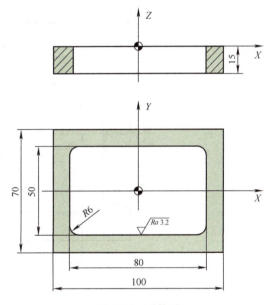

图 8-13 零件图

因此零件采用粗加工、半精加工和精加工三道加工工序成形。粗加工采用斜线进刀，Z 字形行切走刀，单边留 1mm 加工余量，形腔 Z 向深度为 15mm，考虑到加工刀具直径较小，Z 向分 4 层粗切，每层 4mm，最后一层切削时刀具底部切削刃超出工件下表面 1mm，以削除 Z 向对刀误差，确保工件被完全切穿，减少底部毛刺；半精加工，圆弧切入，圆弧切出，沿轮廓环形走刀，单边留 0.1mm 精加工余量，为轮廓精加工预留出均匀的加工余量；精加工，圆弧切入，圆弧切出，设置 1mm 重叠距离，以减少切入切出点处的接刀痕，提高被加工面的质量。

（3）刀具选择 矩形通槽有四个半径为 $R6mm$ 的内凹圆角，精加工刀具的半径应小于或等于零件轮廓最小圆角半径。为提高加工效率，粗加工选用 $\phi16mm$ 的立铣刀，半精加工和精加工选用 $\phi10mm$ 的立铣刀，刀具材料均为高速钢。

（4）刀路设计

1）粗加工刀路。

切入刀路：刀具沿斜线切入，第一层切削，刀具起始点坐标为（31，-16，2），沿斜线切入到（-31，-16，-4），后续三层的切深均为4mm，起始点坐标分别为（31，-16，-2）、（31，-16，-6）、（31，-16，-10），切入点坐标分别为（-31，-16，-8）、（-31，-16，-12）、（-31，-16，-16）。

切削步距：相邻两刀间的距离即为步距，增大步距可减少走刀路线的长度，提高加工效率，但步距大小影响 Z 字形刀路粗加工后留下扇形残留量，步路越大，扇形残留量越大，粗加工时步距通常取刀具直径的70%~90%。本例第二刀、第三刀步距均为11mm，最后一刀步距为10mm，第一层切削终点坐标为（-31，16，-4），后续三层在 X、Y 方向的走刀路径相同，切削终点坐标分别为（-31，16，-8）、（-31，16，-12）、（-31，16，-16）。粗加工走刀路线如图8-14所示。

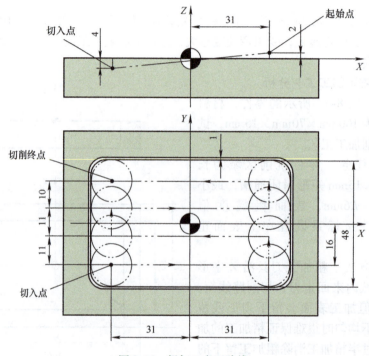

图 8-14　粗加工走刀路线

2）半精加工刀路。半精加工选用 φ10mm 的立铣刀，从中心下刀，建立刀具半径补偿后，沿圆弧从点（0，24.9）切入，轮廓加工完成后再从点（0，24.9）沿圆弧切出，分四层切削，用来去除粗加工后的下扇形残留量，留下单边为0.1mm的精加工余量，半精加工走刀路线如图8-15所示。

3）精加工刀路。精加工选用 φ10mm 的立铣刀，精加工走刀路线如图8-16所示，切入点坐标为（0，24），切出点坐标为（-1，24），轮廓在切入、切出位置有1mm的重叠距离，以减少接刀痕，提高轮廓表面质量。

8.1.2　数控铣床常用夹具

在数控铣床上常用的夹具类型有通用夹具、专用夹具、组合夹具、成组夹具等，在选择时需要考虑产品的质量要求、生产批量、生产效率及经济性。

1. 通用夹具

数控铣床及加工中心的通用夹具已实现了标准化。其特点是通用性强、结构简单，装夹

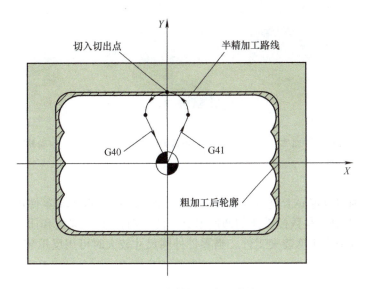

图 8-15　半精加工走刀路线

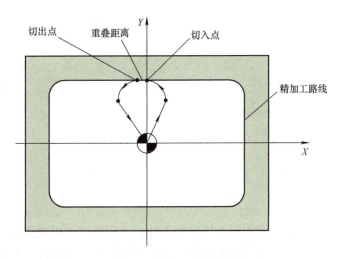

图 8-16　精加工走刀路线

工件时无须调整或稍加调整即可，主要用于单件小批量生产。常用的通用铣削夹具有机用虎钳、螺栓压板、回转工作台和自定心卡盘等。

（1）机用虎钳　机用虎钳是一种安装在铣床、钻床、磨床上的通用可调夹具，同时也可以作为组合夹具的一部分，适用于尺寸不大的方形工件的装夹。由于其具有通用性强、夹紧快速、操作简单、定位精度高等特点，因此被广泛应用。机用虎钳类型及组成见二维码8-4。

二维码8-4　机用虎钳

当加工精度要求不高或采用较小夹紧力即可满足要求的零件时，常用普通机械式平口钳，靠丝杠螺母的相对运动来夹紧工件（图8-17a）；当加工精度要求较高，需要较大的夹紧力时，可采用精度较高的液压式虎钳（图8-17b）或精密虎钳（图8-17c）。

（2）卡盘　在数控铣削加工中，对于结构尺寸不大且零件外表面是不需要进行加工的

a) 普通机械式虎钳　　　　　b) 液压式虎钳　　　　　c) 精密虎钳

图 8-17　机用虎钳

圆形工件，可以利用自定心卡盘进行装夹（图 8-18a），对于非回转零件可采用单动卡盘装夹（图 8-18b）。卡盘也是数控铣床的通用卡具，使用时用 T 形螺栓和压板将卡盘固定在机床工作台上，一般是用正爪装夹工件，当零件外圆尺寸较大时可用反爪装夹，卡盘装夹方法见二维码 8-5。

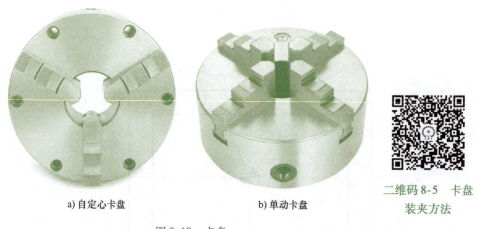

a) 自定心卡盘　　　　　　　b) 单动卡盘

二维码 8-5　卡盘装夹方法

图 8-18　卡盘

（3）螺栓压板　对于较大或四周不规则的工件，无法采用机用虎钳或其他夹具装夹时，可用压板、T 形螺栓、螺母、台阶垫铁直接在铣床工作台上装夹工件，如图 8-19 所示。用压板装夹工件时，压板一端搭在工件上，另一端搭在垫铁上，垫铁的高度应略高于工件，以保证夹紧效果。压板螺栓应尽量靠近工件，以增大压紧力，但压紧力要适中，也可在压板与工件表面间安装软材料垫片，以防工件变形或工件表面受到损伤。

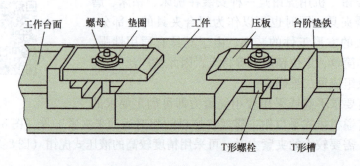

图 8-19　螺栓压板

（4）回转分度头　分度头是安装在铣床上用于将工件分成任意等份的机床附件，如图 8-20 所示。花键、离合器、齿轮等机械零件在加工中心上加工时，常采用分度头分度的方法来等分每一个齿槽，从而加工出合格的零件。

（5）磁力吸盘　磁力吸盘夹具如图 8-21 所示，是以钕铁硼等永磁材料为磁力源，利用磁通的连续性原理及磁场的叠加原理设计出来的一种新型夹具。通过磁系的相对运动，实现工作磁极面上磁场强度的相加或相消，从而达到吸持和卸载的目的。

大量的机加工实践表明，磁力吸盘夹具具有装夹范围大、装夹时间短，工件因装夹力产生的变形小的特点，可有效提高数控机床的综合加工效能和零件的加工质量。

图 8-20　分度头

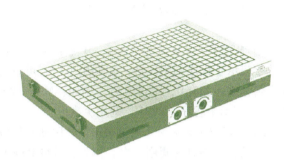

图 8-21　磁力吸盘夹具

2. 专用夹具

专用夹具是专为某个零件的某道工序设计的。其特点是结构紧凑、操作迅速方便。但这类夹具的设计和制造的工作量大、周期长、投资大，只有在大批量生产中才能充分发挥它的经济效益。

3. 组合夹具

组合夹具是由一套结构已经标准化，尺寸已经规格化的通用零件所构成，可以按工件的加工需要组成各种功能的专用夹具。具有标准化、系列化和通用化的特点。用完后可拆卸存放，从而缩短了生产准备周期，减少了加工成本。因此，组合夹具既适用于单件及中、小批量生产，又适用于大批量生产。

4. 数控铣削夹具的选用原则

在选用夹具时，通常需要考虑产品的生产批量、生产率、质量要求及经济性等，选用时可参照下列原则：

1）在单件或研制新产品且零件比较简单时，尽量选择机用虎钳和自定心卡盘等通用夹具。

2）在生产批量小时，应尽量采用通用组合夹具。

3）小批或成批生产时可考虑采用专用夹具，但应尽量简单。

4）在生产批量较大时可考虑采用多工位夹具和气动、液压夹具。

8.1.3　数控铣削子程序

1. 子程序的定义

在编制加工程序时，有时会遇到一组程序段在一个程序中多次出现，或者在几个程序中都要使用它。为了简化程序，可以把这些重复的程序段单独抽出，并按一定格式单独加以命名，称之为子程序，并通过主程序进行调用。

2. 子程序格式

子程序的格式和主程序相同，在子程序开头用大写字母 O 加数字定义字程序名称，在子程序结尾用 M99 指令返回主程序。如下所示：

O0100

G91 G01 Z −2.0 F100；

……

G91 G01 Z5；

M99；

3. 子程序的调用

编程时子程序通过 M98 指令进行调用，在 FANUC 系统中，常用的子程序调用格式有两种。

1）M98 P×××××××××。P 后面数字中的后 4 位数字表示子程序名称，P 后面前 4 位数字表示子程序调用次数，如调用 1 次，可省略不写，调用次数前的 0 可以省略不写，子程序名称前面如有 0，不可省略。例如：M98 P30001，表示子程序"0001"调用 3 次；M98 P0001，表示子程序"0001"调用 1 次。

2）M98 P×××× L××××。P 后面 4 位数字表示子程序号，L 后面的 4 位数字表示调用次数，省略时为调用一次。例如：M98 P0001L3，表示子程序"0001"调用 3 次。

主程序可以调用子程序，一个子程序也可以调用下一级的子程序，这一功能称为子程序的嵌套。在主程序中被调用的子程序称为一级子程序。系统不同，其子程序的嵌套级数也不相同，FANUC 系统可实现子程序四级嵌套，如图 8-22 所示。

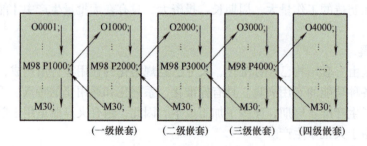

图 8-22　子程序嵌套

4. 子程序的应用

（1）实现零件的分层切削　例 8-1 中的零件型腔 Z 向深度为 15mm，粗加工分 4 层铣削，每层切深 4mm，为简化程序，可以把每层的切削程序做成子程序，通过主程序调 4 次进行零件加工，其粗加工主程序见表 8-1，粗加工子程序见表 8-2。

表 8-1　粗加工主程序

程　序	注　释
O0801；	主程序名
G91 G28 Z0；	回参考点

（续）

程　　序	注　　释
T01 M06；	换粗加工刀具
G00 G90 G40 G80 G54 G00 X31 Y－16；	程序安全保护
S1000 M03；	主轴正转，转速为1000r/min
G43 Z100 H01 M08；	建立刀具长度补偿，抬刀至距工件上表面100mm处
Z2.0；	刀具下降到子程序Z向起始点
M98 P40802；	调用子程序2次
G00 Z50.0 M09；	退刀至距工件上表面50mm处
M05；	
G91 G28 Z0；	
M30；	主程序结束

表8-2　粗加工子程序

程　　序	注　　释
O0802；	子程序名
G91 G01 X－62 Z－6 F100；	刀具沿斜线切入工件
X62 F200；	
Y11；	
X－62；	
Y11；	XY平面切削走刀
X62；	
Y10	
X－62；	
Z2；	抬刀至下一切削面之上2mm
G90 X31 Y－16；	返回切入起点
M99；	子程序结束，返回主程序

（2）实现多个相同特征的加工　工件同一平面内多个相同轮廓的加工在数控编程时，只需编写其中一个轮廓的加工程序，然后用主程序调用。

【例8-2】　图8-23所示的零件，两个凸台外形轮廓形状一样，高度均为5mm，试编写该外形轮廓的数控铣削精加工程序。

使用增量坐标，将其中左侧凸台的外形走刀路线编写成子程序，然后用主程序调用两次完成零件轮廓精加工，其精加工主程序见表8-3，精加工子程序见表8-4。

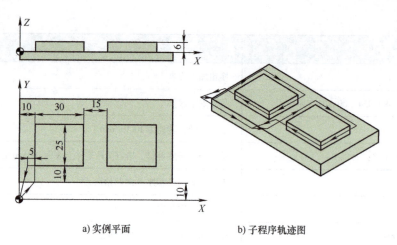

a) 实例平面   b) 子程序轨迹图

图 8-23　同平面多轮廓子程序加工实例

表 8-3　精加工主程序

程　　序	注　　释
O0803；	主程序名
G91 G28 Z0；	回参考点
T01 M06；	换粗加工刀具
G00 G90 G40 G80 G54；	程序安全保护
S1000 M03；	主轴正转，转速为 1000r/min
G43 Z100 H01 M08；	建立刀具长度补偿，抬刀至距工件上表面 100mm 处
G00 X0 Y0；	XY 平面快速点定位
G01 Z−6 F100；	刀具 Z 向下降至凸台底平面
M98 P20804；	调用子程序 2 次
G90 G00 Z100 M09；	抬刀至安全平面
M05；	
G91 G28 Z0；	
M30；	程序结束

表 8-4　精加工子程序

程　　序	注　　释
O0804；	主程序名
G91 G01 G41 X10 Y10 D01 F200	建立刀刀补，设置增量坐标编程
Y35；	
X30；	
Y−25；	凸台 XY 平面内走刀
X−35；	
G40 X−5 Y−20；	取消刀补并返回原点
G90 G00 X45；	刀具移动到子程序第二次循环的起始点
M99；	子程序结束，返回主程序

（3）实现零件的半精加工和精加工

【例8-3】 图8-24所示零件的粗加工完成后需先进行半精加工，留0.2mm的余量进行精加工，试编写半精加工及精加工程序。

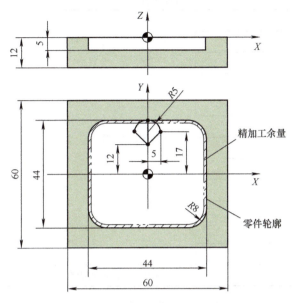

图8-24 零件轮廓半精加工与精加工

编程时可以将零件的实际轮廓路径编写成子程序，运用刀具半径补偿功能，控制走刀时刀具中心与零件轮廓间的距离，然后调用子程序实现零件轮廓半精加工和精加工。主程序见表8-5，子程序见表8-6。

表8-5 主程序

程 序	注 释
O0805；	主程序名
G91 G28 Z0；	回参考点
T01 M06；	换粗加工刀具
G00 G90 G40 G80 G54 X0 Y12；	程序安全保护
S1000 M03；	主轴正转，转速为1000r/min
G43 Z100 H01 M08；	建立刀具长度补偿，抬刀至距工件上表面100mm处
Z2.0；	下刀至工件上表面2mm
G01 Z−5.0 F100；	下刀至切削深度
G41 X5 Y17 D01 F200；	建立刀具半径补偿（D01＝01号刀具半径＋0.2mm）
M98 P0806；	调用子程序进行半精加工
G41 X5 Y17 D02 F200；	建立刀具半径补偿（D02＝刀具半径）
M98 P0806；	调用子程序进行精加工
G01 Z2；	退刀至工件上表面2mm
G00 Z100 M09；	退刀至距工件上表面50mm处
M05；	
G91 G28 Z0；	
M30；	主程序结束

表 8-6 子程序

程 序	注 释
O0806；	子程序名
G03 X0 Y22 R5；	
G01 X − 14；	
G03 X − 22 Y14 R8；	
G01 Y − 14；	
G03 X − 14 Y − 22 R8；	零件轮廓走刀路线
G01 X14；	
G03 X22 Y − 14 R8；	
G01 Y14；	
G03 X14 Y22 R8；	
G01 X0；	
G03 X − 5 Y17 R5；	
G01 G40 X0 Y12；	
M99；	子程序结束，返回主程序

　　半精加工前，建立刀具半径补偿（补偿量等于半精加工刀具半径值加工上精加工余量），调用子程序，加工完成后取消刀具半径补偿；精加工前，建立刀具半径补偿（补偿量等于精加工刀具半径值），调用子程序，加工完成后取消刀具半径补偿。

8.2　加工工艺设计

8.2.1　加工工艺分析

　　该零件毛坯为 120mm × 70mm × 20mm，内轮廓 Z 向铣削深度 10mm，表面粗糙度为 $Ra3.2\mu m$，轮廓最小内凹圆角半径为 6mm，经分析，零件轮廓可采用粗加工、半精加工和精加工三道加工工艺。

　　1）粗加工：选用直径为 $\phi16mm$ 的两刃机夹式立铣刀，采用环切走刀路线，分三层切削，每层切深 3.3mm，底部留 0.1mm 的精加工余量，侧壁留 0.2mm 的半精加工余量，因每层切削在 XY 平面内走刀路线相同，因此可将 XY 平面内的走刀路线编制成子程序，以简化编程。

　　2）半精加工和精加工：半精加工选用直径为 $\phi10mm$ 的三刃立铣刀，半精加工的区域为零件侧壁轮廓，留 0.1mm 的精加工余量，底面可不做半精加工；精加工选用直径为 $\phi10mm$ 的四刃立铣刀，先精加工底面再精加工侧壁轮廓，为简化程序，侧壁半精加工和精加工可使用子程序编程。

　　以零件上表面正中心为编程原点，建立工件坐标系如图 8-25 所示。

8.2.2　设计加工工艺卡

零件加工工艺卡见表 8-7。

8.2.3　设计数控加工刀具卡

零件数控加工刀具卡见表 8-8。

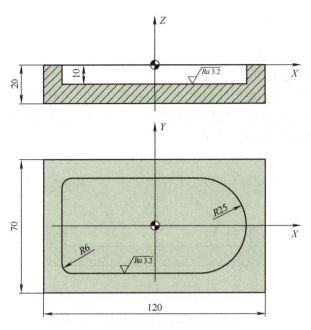

图 8-25　工件坐标系

表 8-7　零件加工工艺卡

产品名称或代号		毛坯类型及尺寸		零件名称	零件图号
工序号	程序编号	夹具名称	使用设备	数控系统	场地
1	O0807、O0809、O0811	机用虎钳	加工中心	FANUC 0i-MD	实训中心

工步号	工步内容	刀具号	刀具名称	转速/(r/min)	进给速度/(mm/min)	切深/mm	备注
1	内轮廓粗加工	T01	立铣刀	800	300	3.3	
2	侧壁轮廓半精加工	T02	立铣刀	1200	500	5	
3	侧壁及底面精加工	T03	立铣刀	2000	600	5	

表 8-8　零件数控加工刀具卡　　　　　　　　　　（单位：mm）

产品名称或代号		零件名称		零件图号	
序号	刀具号	刀具名称	刀具			刀具材料	备注

序号	刀具号	刀具名称	直径	长度	圆角半径	刀具材料	备注
1	T01	立铣刀	ϕ16mm		R0.8mm	高速钢	2刃
2	T02	立铣刀	ϕ10mm		0	高速钢	3刃
3	T03	立铣刀	ϕ10mm		0	高速钢	4刃

8.3　零件编程

8.3.1　基点坐标计算

基点坐标的计算方法如下：

1）工步1轮廓粗加工。底面及侧壁加工余量0.2mm，刀具沿斜线进刀，XY平面采用环切走刀路线，由外向内切削，刀路轨迹和各基点的坐标位置如图8-26所示，粗加工刀路轨迹及基点坐标计算方法见二维码8-6。

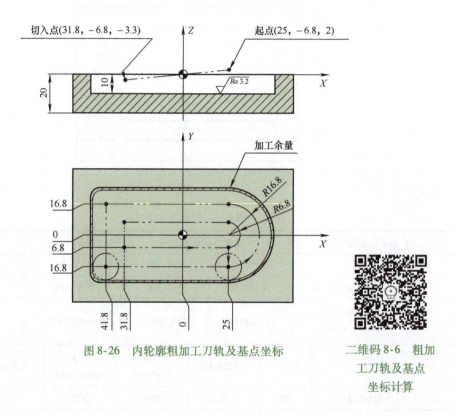

图8-26　内轮廓粗加工刀轨及基点坐标

二维码8-6　粗加工刀轨及基点坐标计算

2）工步2侧壁轮廓半精加工。侧壁精加工余量0.1mm，按照零件实际轮廓轨迹编程，加工时，在机床刀具半径补偿值中加工上精加工余量0.1mm，分两层切削，刀路轨迹和各基点的位置如图8-27所示。

3）工步3侧壁及底面精加工。底面精加工采用环切走刀，斜线切入，从中间下刀由内向外切削，侧壁留0.1mm余量，以避免精加工底面时刀具切到侧壁，刀路轨迹和各基点的坐标位置如图8-28所示。侧壁轮廓精加工编程轨迹与半精加工相同，如图8-27所示，加工时机床刀具半径补偿值为精加工刀具实际半径大小，分两层切削，每层切深5mm。

8.3.2　编写加工程序

1）工步1内轮廓粗加工程序（见表8-9）。

2）工步2侧壁轮廓半精加工程序（见表8-10）。

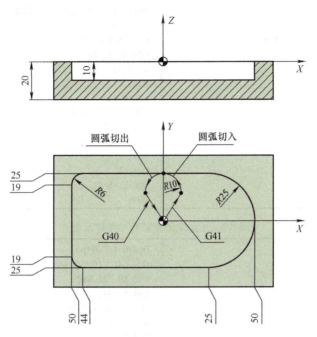

图 8-27 侧壁轮廓半精加工刀轨及基点坐标

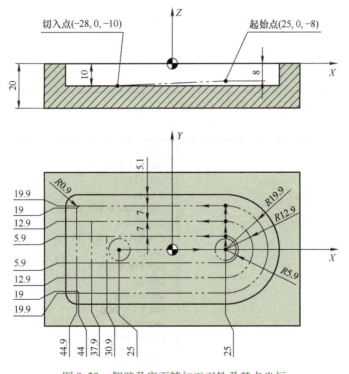

图 8-28 侧壁及底面精加工刀轨及基点坐标

表 8-9　工步 1 内轮廓粗加工程序

O0807 （主程序）	O0808 （子程序）
G91 G28 Z0；	G91 G01 X － 56.8 Z － 5.3 F200；
T01 M06；	G90 X25 F300；
G00 G90 G40 G80 G54 X25 Y － 6.8；	G03 Y6.8 R6.8；
S800 M03 ；	G01 X － 31.8；
G43 Z100 H01 M08；	Y － 6.8；
Z2；	X25；
M98 P30808；	Y － 16.8；
G90 G01 Z5；	G03 Y16.8 R16.8；
G00 Z50 M09；	G01 X － 41.8；
M05；	Y － 16.8；
G91 G28 Z0；	X25；
M30；	G91 Z2；
	G90 Y － 6.8；
	M99；

表 8-10　工步 2 侧壁轮廓半精加工程序

O0809 （主程序）	O0810 （子程序）
G91 G28 Z0；	G01 G41 X10 Y15 D01；
T02 M06；	G03 X0 Y25 R10；
G00 G90 G40 G80 G54 X0 Y0；	G01 X － 44；
S1200 M03；	G03 X － 50 Y19 R6；
G43 Z100 H02 M08；	G01 Y － 19；
Z2；	G03 X － 44 Y － 25 R6；
G01 Z － 4.9 F500；	G01 X25；
M98 P0810；	G03 Y25 R25；
G01 Z － 9.9；	G01 X0；
M98 P0810；	G03 X － 10 Y15 R10；
G90 G01 Z5；	G40 X0 Y0；
G00 Z50 M09；	M99；
M05；	
G91 G28 Z0；	
M30；	

3）工步 3 侧壁及底面精加工程序（见表 8-11）。

表 8-11　工步 3 侧壁及底面精加工程序

O0811 （主程序）	X25；
G91 G28 Z0；	G03 Y12.9 R12.9；
T03 M06；	G01 Y19.9；
G00 G90 G40 G80 G54 X25 Y0；	X － 44；
M03 S2000 ；	G03 X － 44.9 Y19 R0.9；
G43 Z100 H03 M08；	G01 Y － 19；
Z2；	G03 X44 Y － 19.9 R0.9；
G01 Z － 8 F600；	G01 25；
X － 25 Z － 10；	G03 Y19.9 R19.9；
X25；	G01 Z2；
Y5.9；	G00 X0 Y0；
X － 30.9；	G01 Z － 5 F500；
Y － 5.9；	M98 P0810；
X25；	G01 Z － 10；
G03 Y5.9 R5.9；	M98 P0810；
G01 Y12.9；	G90 G01 Z5；
X － 37.9；	G00 Z50；
Y － 12.9；	M30；

8.4 零件加工

8.4.1 零件装夹、找正及对刀

1）毛坯装夹与找正。

2）刀具装入刀具库。

3）用寻边器和 Z 轴设定器建立工件坐标系。

8.4.2 加工程序输入与刀补参数设计

1）从 CF 卡导入加工程序。

2）半精加工刀具半径补偿参数设计与输入。

3）精加工刀具半径补偿参数设计与输入。

8.4.3 零件加工及检验

1）将工件坐标系向上移动 100mm 运行程序并检验。

2）自动运行加工零件。

3）使用游标卡尺和深度尺测量加工尺寸。

4）分析刀具半径补偿数值及刀具直径误差对实际加工精度的影响。

二维码 8-7 装夹、找正及对刀操作

二维码 8-8 程序输入与刀补参数设计

二维码 8-9 零件加工及检验操作

❖ 模块总结

本模块主要介绍了型腔内轮廓零件铣削中常用的进刀方式、走刀路线、刀具及切削用量的选择和数控铣床常用的夹具，通过实例详细讲述型腔铣加工工艺设计的内容、方法、思路及子程序在数控铣削加工中的应用。

❖ 思考与练习

1. 简述内轮廓铣削常用的进刀方式的类型、特点及应用。

2. 简述内轮廓铣削用量设计原则。

3. 简述子程序在数控铣削中的应用。

4. 加工图 8-29 所示的零件，坯料为 80mm × 80mm × 15mm，材料为 45 钢，分析零件的加工工艺，编制数控加工程序。

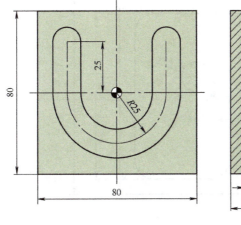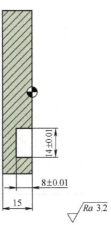

图 8-29 练习4

5. 加工图 8-30 所示的零件，坯料为 120mm × 120mm × 25mm，材料为 45 钢，分析零件的加工工艺，编制数控加工程序。

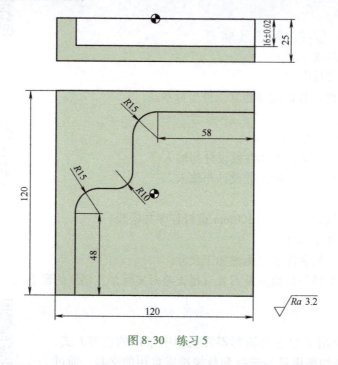

图 8-30   练习 5

6. 加工图 8-31 所示的零件，坯料为 100mm × 100mm × 20mm，材料为 45 钢，分析零件的加工工艺，编制数控加工程序。

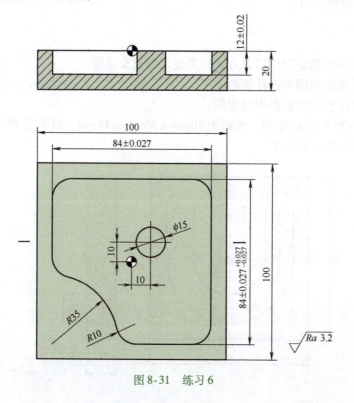

图 8-31   练习 6

7. 加工图8-32所示的零件，坯料为100mm×100mm×15mm，材料为45钢，分析零件的加工工艺，编制数控加工程序。

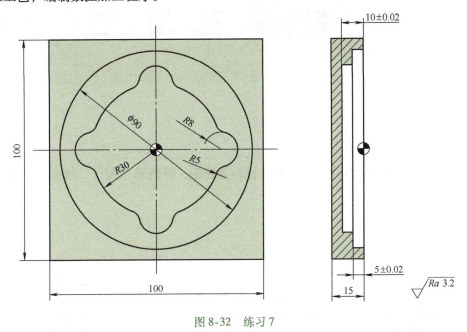

图8-32 练习7

8. 加工图8-33所示的零件，坯料为100mm×100mm×20mm，材料为45钢，分析零件的加工工艺，编制数控加工程序。

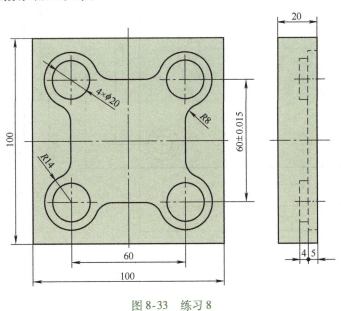

图8-33 练习8

模块9 孔 加 工

❖ 任务书

加工图 9-1 所示的孔零件，已知零件材料为硬铝，外轮廓已加工，试分析其孔加工工艺，编写孔加工程序。

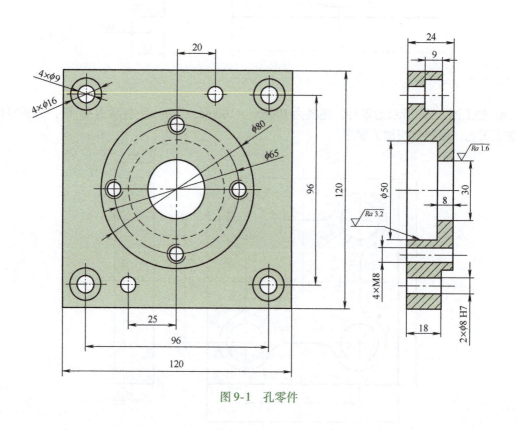

图 9-1 孔零件

❖ **任务目标**

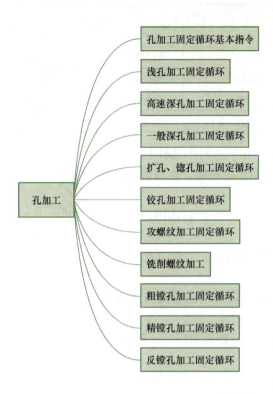

9.1　相关知识点

9.1.1　孔加工固定循环基本指令

1. 孔加工固定循环动作

　　孔加工是数控加工中最常见的加工工序，数控铣床和加工中心系统通常都配备有钻孔、镗孔、铰孔和攻螺纹等加工的固定循环编程功能。运用固定循环功能指令，一个 G 代码即可完成对各种孔的加工。该类指令为模态指令，使用它编程加工孔时，只需给出第一个孔加工的所有参数，接着加工孔（凡与第一个孔相同的参数均可省略），这样可极大提高编程效率，而且使程序变得简单易读。

　　FANUC $-0i$ 系统数控铣（加工中心）固定循环指令的基本含义见表 9-1。

表 9-1　固定循环指令的基本含义

指令	功能	孔加工动作	孔底动作	退刀动作
G73	高速深孔加工	间隙进给	无	快速移动
G74	攻左螺纹	切削进给	暂停、主轴正转	切削进给
G76	精镗孔	切削进给	主轴准停	快速移动
G80	取消固定循环			
G81	浅孔加工	切削进给	无	快速移动
G82	扩孔、锪孔	切削进给	暂停	快速移动
G83	一般深孔加工	间隙进给	无	快速移动
G84	攻右螺纹	切削进给	暂停、主轴反转	切削进给

（续）

指令	功能	孔加工动作	孔底动作	退刀动作
G85	铰孔	切削进给	无	切削进给
G86	粗镗孔	切削进给	主轴停	快速移动
G87	反镗孔	切削进给	主轴正转	快速移动
G88	镗孔	切削进给	暂停、主轴正转	手动
G89	镗孔、铰孔、扩孔	切削进给	暂停	切削进给

孔加工固定循环通常由下述六个动作构成，如图 9-2 所示，图中实线表示切削进给，虚线表示快速移动。

1）动作 1：XY 平面定位——使刀具快速定位到孔加工位置。

2）动作 2：快进到 R 平面——刀具自初始平面快速进给到 R 平面。

3）动作 3：孔加工——以切削进给的方式执行孔加工的动作。

4）动作 4：孔底动作——包括暂停、主轴准停、刀具横移等动作。

5）动作 5：返回到 R 平面——继续加工其他孔且可以安全移动刀具时选择返回 R 平面。

6）动作 6：返回初始平面——孔加工完成后一般应选择返回初始平面。

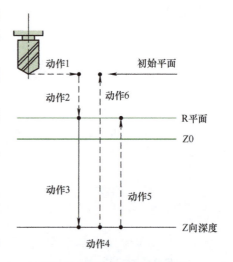

图 9-2　孔加工固定循环动作

2. 孔加工固定循环编程格式

编程格式：G90 \ G91 G98 \ G99 G__ X__ Y__ Z__ R__ P__ Q__ L__ F__;

其中，G90 \ G91 为坐标的输入方式。G90 为绝对坐标方式输入，G91 为增量坐标方式输入。

G98 \ G99 为孔加工完后，指定返回点平面。G98 表示返回初始平面高度，如图 9-3a 所示；G99 表示返回 R 平面高度，如图 9-3b 所示。G98 \ G99 返回动作讲解见二维码 9-1。

1）G 为孔加工方式，即固定循环 G73、G74、G76、G81 ~ G89 中的一个指令代码。

2）在 X、Y 轴指定孔中心位置坐标。

3）在 Z 轴指定孔底位置坐标。采用 G91 增量编程时，其值为孔底相对 R 平面的增量坐标。

4）R 指定 R 平面（参考平面）高度坐标。采用 G91 增量编程时，其值为 R 平面相对初始平面的增量坐标。

5）P 指定刀具在孔底的暂停时间，单位为 ms（毫秒），例如，P1000，表示刀具在孔底暂停 1s（秒）。用于 G76、G82、G88、G89 等固定循环指令中，其余指令略去此参数。

6）Q 为深孔加工（G73、G83）时，为刀具每次下钻深度；镗孔（G76、G87）时，为刀具的横向偏移量。Q 的值永远为正值。

7）L 指定固定循环的重复次数。只调用一次时，L 可以省略。

8）F 为钻孔的进给速度。

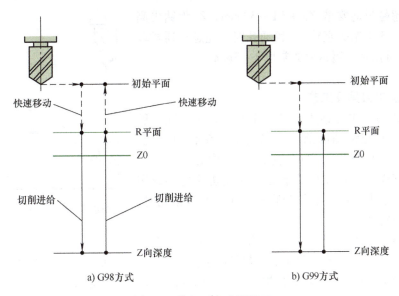

图 9-3　孔加工完成后退刀

3. 孔加工固定循环编程注意事项

1）G73～G89 是模态指令，一旦指定，一直有效，直到出现其他孔加工固定循环指令，或固定循环取消指令（G80），或 G00、G01、G02、G03 等插补指令才失效。因此，多个相同孔加工时该指令只需指定一次。

2）固定循环中的参数（Z、R、Q、P、F）是模态的，当变更固定循环方式时，可用的参数可以继续使用，不需重设。

3）在使用固定循环编程时，一定要在固定循环指令程序段前使用 M03（或 M04）功能，使主轴起动。

4）若在固定循环指令程序段中同时指定一后置指令 M 代码（如 M05、M09），则该 M 代码并不是在循环指令执行完成后才被执行，而是执行完循环指令的第一个动作（X、Y 轴向定位）后，即被执行。因此，固定循环指令不能和后置指令 M 代码同时出现在同一程序段。

5）当用 G80 指令取消孔加工固定循环后，那些在固定循环之前的插补模态指令（如 G00、G01、G02、G03 等）恢复，M05 指令也自动生效（G80 指令可使主轴停转）。

6）在固定循环中，刀具半径补偿（G41、G42）无效，刀具长度补偿（G43、G44）有效。

二维码 9-1　返回动作讲解 G98/G99

4. 固定循环平面

（1）初始平面　初始平面是为安全下刀而规定的一个平面，可以设定在任意一个安全高度上。当使用同一把刀具加工多个孔时，刀具在初始平面内的任意移动将不会与夹具、工件等发生干涉。

（2）R 平面　R 平面又称参考平面，是刀具下刀时由快速移动（简称快进）转为切削进给（简称工进）的高度平面，该平面与工件表面的距离主要考虑工件表面的尺寸变化，一般情况下取 2～5mm，如图 9-4 所示。

（3）孔底平面　加工不通孔时，孔底平面就是孔底的高度坐标。而加工通孔时，除要考虑孔底平面的位置外，还要考虑刀具的超越量，如图 9-4 中的 Z 点，以保证孔完全钻通。

钻通孔时，超越量通常取 $Z_P + (1 \sim 3)\,\text{mm}$，$Z_P$ 为钻尖高度（通常取 0.3 倍钻头直径）；铰通孔时，超越量通常取 $3 \sim 5\,\text{mm}$；镗通孔时，超越量通常取 $1 \sim 3\,\text{mm}$。

9.1.2　钻孔加工工艺及编程

1. 钻孔加工刀具及工艺

（1）中心钻　中心钻用于加工中心孔，中心孔一般用作预钻孔。麻花钻钻削前，要先用中心钻钻中心孔，避免麻花钻头在后续加工中偏离孔中心。中心孔也可用作导向孔，其作用是在车床或磨床上扣住机床主轴或尾座的顶尖。由于中心钻切削部分直径较小，所以钻孔时，应选取较高的转速。

常用的中心钻有 A 型（不带护锥）和 B 型（带护锥）两种，如图 9-5 所示。在加工中若仅用于钻中心孔时 A、B 型均可；在精度要求高的工件加工时，为了避免 60° 定心锥被损坏，可采用带护锥的 B 型中心钻。

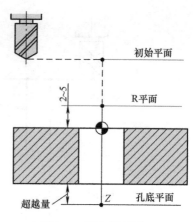

图 9-4　固定循环平面

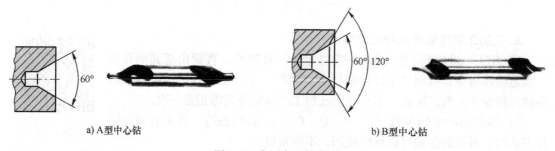

a) A型中心钻　　　　　b) B型中心钻

图 9-5　常用中心钻类型

（2）麻花钻

1）标准麻花钻用于钻孔加工，可加工直径 $\phi 0.05 \sim \phi 125\,\text{mm}$ 的孔。钻孔加工方式为孔的粗加工，尺寸公差等级低于 IT10，孔的表面粗糙度值在 $Ra12.5\,\mu\text{m}$ 以上。对于精度要求不高的孔（如螺栓的通孔、润滑油孔以及螺纹底孔），可以直接采用钻孔方式加工。

2）标准麻花钻的结构如图 9-6 所示，由柄部、空刀和工作部分组成。

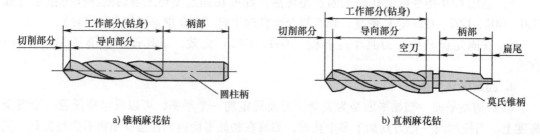

a) 锥柄麻花钻　　　　　　　　　　　b) 直柄麻花钻

图 9-6　标准麻花钻的结构

柄部是钻头的夹持部分，并在钻孔时传递转矩和轴向力，有直柄和锥柄两种形状。一般直径小于 13mm 的麻花钻采用直柄如图 9-6a 所示，直径为 $\phi 13\,\text{mm}$ 及其以上的麻花钻采用锥柄如图 9-6b 所示。

颈部凹槽是磨削钻头柄部时的砂轮越程槽，槽底通常刻有钻头的规格等。直柄钻头一般无空刀。

工作部分由切削部分和导向部分组成，标准麻花钻的切削部分由两个主切削刃、两个副切削刃、一个横刃和两条螺旋槽组成，如图9-7所示。在加工中心上钻孔，因无夹具钻模导向，且受两切削刃上切削力不对称的影响，容易引起钻孔偏斜，故要求钻头的两切削刃必须有较高的刃磨精度。

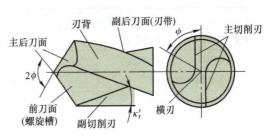

图9-7 麻花钻切削部分的组成

3）高速工具钢麻花钻钻削不同材料的进给量及切削速度分别参见表9-2、表9-3。

表9-2 高速钢钻头切削进给量 f （单位：mm/r）

钻头直径 d_0/mm	钢 R_m <800MPa	钢 R_m 800~1000 MPa	钢 R_m >1000MPa	铸铁、铜及铝合金（硬度≤200HBW）	铸铁、铜及铝合金（硬度>200HBW）
≤2	0.05~0.06	0.04~0.05	0.03~0.04	0.09~0.11	0.05~0.07
2~4	0.08~0.10	0.06~0.08	0.04~0.06	0.18~0.22	0.11~0.13
4~6	0.14~0.18	0.10~0.12	0.08~0.10	0.27~0.33	0.18~0.22
6~8	0.18~0.22	0.13~0.15	0.11~0.13	0.36~0.44	0.22~0.26
8~10	0.22~0.28	0.17~0.21	0.13~0.17	0.47~0.57	0.28~0.34
10~13	0.25~0.31	0.19~0.23	0.15~0.19	0.52~0.64	0.31~0.39
13~16	0.31~0.37	0.22~0.28	0.18~0.22	0.61~0.75	0.37~0.45
16~20	0.35~0.43	0.26~0.32	0.21~0.25	0.70~0.86	0.43~0.53
20~25	0.39~0.47	0.29~0.35	0.23~0.29	0.78~0.96	0.47~0.56
25~30	0.45~0.55	0.32~0.40	0.27~0.33	0.9~1.1	0.54~0.66
30~50	0.60~0.70	0.40~0.50	0.30~0.40	1.0~1.2	0.70~0.80

注：1. 表列数据适用于在大刚性零件上钻孔，公差在 H12~H13 级以下（或自由公差），钻孔后还用钻头、扩孔钻或镗刀加工，在下列条件下需乘修正系数。

1）在中等刚性零件上钻孔（箱体形状的薄壁零件、零件上薄的突出部分钻孔）时，乘系数0.75。

2）钻孔后要用铰刀加工的精确孔，低刚性零件上钻孔，斜面上钻孔，钻孔后用丝锥攻螺纹的孔，乘系数0.50。

2. 钻孔深度大于3倍直径时应乘修正系数。

钻孔深度（孔深以直径的倍数表示）$3d_0$、$5d_0$、$7d_0$、$10d_0$，修正系数分别为1.0、0.9、0.8、0.75。

表9-3 高速钢钻头加工不同材料的切削速度

加工材料	硬度（HBW）	切削速度v_c/(m/min)
铝及铝合金	45~105	105
铜及铜合金	~124	60
镁及镁合金	50~90	45~120
锌合金	80~100	75
低碳钢（~0.25C%）	125~175	24
中碳钢（~0.50C%）	175~225	20
高碳钢（~0.90C%）	175~225	17

（续）

加工材料	硬度（HBW）	切削速度v_c/（m/min）
合金低碳钢（0.12~0.25C%）	175~225	21
合金中碳钢（0.25~0.65C%）	175~225	15~18
不锈钢（奥氏体）	135~185	17
不锈钢（铁素体）	135~185	20
不锈钢（马氏体）	135~185	20
工具钢	196	18
灰铸铁（硬）	160~220	24~34
可锻铸铁	112~126	27~37
球墨铸铁	190~225	18
高温合金（镍基）	150~300	6
高温合金（铁基）	180~230	7.5
高温合金（钴基）	180~230	6
钛及钛合金（纯钛）	110~200	30
钛及钛合金（α及α+β）	300~360	12
钛及钛合金（β）	275~350	7.5

> **注意**：一是钻削孔径大于30mm的大孔时，一般应分两次钻削。第一次用0.6~0.8倍孔径的钻头钻削，第二次用所需直径的钻头扩孔。扩孔钻头应使用两条主切削刃长度相等、对称的钻头，否则会使孔径扩大；二是钻削直径小于$\phi1mm$的小孔时，开始进给力要小，防止钻头弯曲和滑移，以保证钻孔试切的正确位置，钻削过程要经常退出钻头排屑和加注切削液，进给力应小而平稳，不宜过大过快。

2. 钻孔加工循环指令

（1）浅孔加工固定循环（G81）　用于定位孔和一般浅孔加工。

编程格式：G99/G98 G81 X __ Y __ Z __ R __ F __;

刀具在当前初始平面高度快速定位到孔中心位置（X __ Y __），再沿 Z 轴负向快速定位到 R 平面，然后以进给速度 F 钻至孔深 Z 后，快速沿 Z 轴正向退刀至 R 平面（G99）或初始平面（G98）。G81 固定循环动作过程如图 9-8 所示，虚线表示快速移动，实线表示切削进给。

【例 9-1】　试编写图 9-9 所示的 4 个直径为 $\phi10mm$ 的浅孔加工程序。

工件坐标系设置在零件上表面正中心，工序 1 用直径为 $\phi3mm$ 的中心钻加工定位孔，工序 2 用直径为 $\phi10mm$ 的麻花钻钻孔，钻孔超越量取 5mm，孔底坐标 Z－17，R 平面距工件上表面 5mm，G81 浅孔加工程序见表 9-4，运动仿真视频见二维码 9-2。

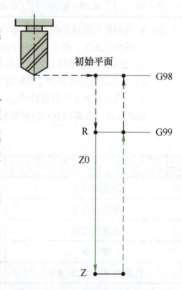

图 9-8　G81 浅孔加工固定循环

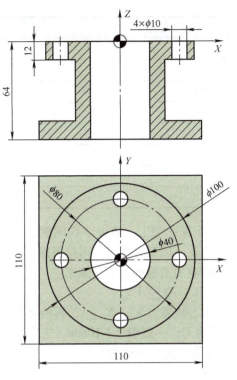

图 9-9　G81 浅孔加工应用　　　　二维码 9-2　运动仿真 G81

表 9-4　浅孔加工应用程序

程　序	注　释
O0901；	主程序名
G91 G28 Z0；	回参考点
T01 M06；	换 $\phi3$mm 中心钻
G00 G90 G40 G80 G54 X40 Y0；	程序安全保护
S1500 M03；	主轴正转，转速为 1500r/min
G43 Z100 H01 M08；	建立刀具长度补偿，抬刀至初始平面 100mm 处
G99 G81 X40 Y0 Z−1 R5 F150；	钻孔循环，抬刀至 R 平面，定位孔钻深 1mm
X0 Y40；	
X−40 Y0；	
G98 X0 Y−40；	抬刀至初始平面
G80；	取消孔加工循环
G91 G28 Z0；	回参考点
T02 M06；	换 $\phi10$mm 麻花钻
G00 G90 G40 G80 G54 X40 Y0；	
S1000 M03；	主轴正转，转速为 1000r/min
G43 Z100 H01 M08；	
G99 G81 X40 Y0 Z−17 R5 F120；	钻孔循环，抬刀至 R 平面，钻孔深 17mm

（续）

程　序	注　释
X0 Y40；	
X –40 Y0；	
G98 X0 Y –40；	抬刀至初始平面
G80；	取消孔加工循环
M09；	
M05；	
G91 G28 Z0；	回参考点
M30；	程序结束

（2）高速深孔加工固定循环（G73）　用于深孔加工，通过 Z 向间歇进给实现断屑。所谓深孔通常是指孔深与孔径比在 5～10 之间的孔，加工深孔时，因排屑困难、散热差，易使刀具损坏和引起孔的轴线偏斜等问题，从而影响加工精度和生产效率。

编程格式：G99/G98 G73 X ＿ Y ＿ Z ＿ R ＿ Q ＿ F ＿；

刀具在当前初始平面高度快速定位到孔中心位置（X ＿ Y ＿），再沿 Z 轴负向快速定位到 R 平面，从 R 平面开始每次进给钻孔深度为 Q，一般取 3～10mm，末次进刀深度不大于 Q，d 为间歇进给时的抬刀量，由机床内部参数控制，一般为 0.2～1mm（可通过人工设定加以改变），G73 固定循环动作过程如图 9-10 所示。

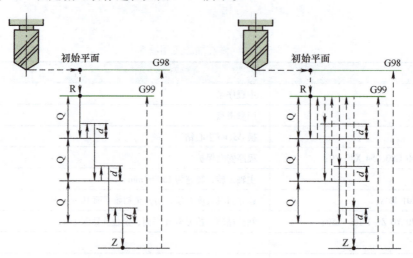

图 9-10　G73 高速深孔加工固定循环　　　　图 9-11　G83 一般深孔加工固定循环

（3）一般深孔加工固定循环（G83）　用于深孔加工，通过 Z 向间歇进给实现断屑与排屑。

编程格式：G99/G98 G83 X ＿ Y ＿ Z ＿ R ＿ Q ＿ F ＿；

G83 与 G73 的区别在于：G73 每次以进给速度钻出一个 Q 深度后，快速抬高 d，再由此处以进给速度钻孔至第二个 Q 深度，依次重复，直至完成整个深孔的加工；而 G83 指令则是在每次进给钻进一个 Q 深度后，均快速退刀至安全平面高度，然后快速下降至前一个深度之上 d 处，再以进给速度钻孔至下一个 Q 深度，G83 固定循环动作过程如图 9-11 所示，因每次间歇进给后均抬刀至 R 平面，排屑效果好，在深孔加工中常用 G83 指令。

【例9-2】 试用 G83 指令编写图 9-12 所示的孔加工程序。

工件坐标系设置在零件上表面正中心，钻孔超越量取 5mm，孔底坐标 Z−45，R 平面距工件上表面 5mm，每次间歇进给量 Q 设为 8mm，G83 一般深孔加工程序见表 9-5，运动仿真视频见二维码 9-3。

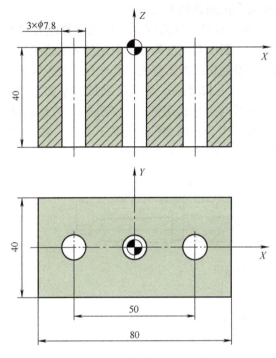

图 9-12　G83 深孔加工应用　　　　　　二维码 9-3　运动仿真 G83

表 9-5　G83 一般深孔加工程序

程　序	注　释
O0902；	主程序名
G91 G28 Z0；	回参考点
T01 M06；	换 7.8mm 钻头
G00 G90 G40 G80 G54 X−25 Y0；	程序安全保护
S1200 M03；	主轴正转，转速为 1200r/min
G43 Z100 H01 M08；	建立刀具长度补偿，抬刀至初始平面 100mm 处
G99 G83 X−25 Y0 Z−45 R5 Q8 F120；	钻孔循环，抬刀至 R 平面，钻深 45mm
X0；	
G98 X25；	抬刀至初始平面
G80；	取消孔加工循环
M09；	
M05；	
G91 G28 Z0；	
M30；	程序结束

9.1.3 扩孔、锪孔加工工艺及编程

1. 扩孔加工

（1）扩孔的工艺特点　扩孔是用扩孔钻对工件上已钻出、铸出或锻出的孔进行扩大加工。扩孔可在一定程度上校正原孔轴线的偏斜，属于孔的半精加工方法，常作铰孔前的预加工，对于质量要求不高的孔，扩孔也可作为孔的最终加工工序。

（2）扩孔钻　扩孔钻一般有 3 ~ 4 条主切削刃，导向性好。扩孔的背吃刀量小，切屑少，扩孔钻的容屑槽浅而窄，钻芯直径较大，强度和刚度高，可采用较大的进给量，生产率较高。扩孔加工又因切屑少，排屑顺利，不易刮伤已加工表面，孔的尺寸公差等级一般能达到 IT9 ~ IT10，孔的表面粗糙度可控制在 $Ra6.3 ~ 12.5\mu m$，常用于孔的半精加工。扩孔直径较小时，可选用直柄式扩孔钻，扩孔直径中等时，可选用锥柄式扩孔钻，扩孔直径较大时，可选用套式扩孔钻，当孔精度要求不大时也可用普通麻花钻进行扩孔加工，图 9-13 所示为锥柄扩孔钻结构，高速钢扩孔钻扩孔时的参考切削速度见表 9-6。

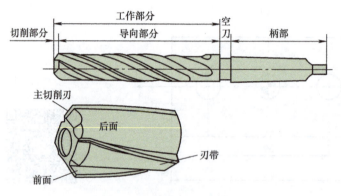

图 9-13　锥柄扩孔钻结构

表 9-6　高速钢扩孔钻扩孔时的参考切削速度　（单位：m/min）

刀具规格/mm	结构钢 $f/(mm/r)$													
	0.3	0.4	0.5	0.6	0.7	0.8	1	1.2	1.4	1.6	1.8	2	2.2	2.4
$d_0 = 15$ 整体 $a_p = 1$	34	29.4	26.3	24	22.2									
$d_0 = 20$ 整体 $a_p = 1.5$	38	32.1	28.7	26.2	24.2	22.7	21.4	20.3						
$d_0 = 25$ 整体 $a_p = 1.5$	29.7	25.7	23	21	19.4	18.2	17.1	16.2	14.8					
$d_0 = 25$ 套式 $a_p = 1.5$	26.5	22.9	20.5	18.7	17.3	16.2	15.3	14.5	13.2					
$d_0 = 30$ 整体 $a_p = 1.5$		27.1	24.3	22.1	20.5	19	17.2	15.6	14.5					
$d_0 = 30$ 套式 $a_p = 1.5$		24.2	21.7	19.8	18.3	17.1	15.3	14	12.9					
$d_0 = 35$ 整体 $a_p = 1.5$		25.2	22.5	20.5	19	17.6	15.9	14.5	13.4	12.6				
$d_0 = 35$ 套式 $a_p = 1.5$		22.4	20.1	18.3	17	15.9	14.2	13	12	11.2				
$d_0 = 40$ 整体 $a_p = 1.5$		24.7	22.1	20.2	18.7	17.5	15.6	14.3	13.2	12.3				
$d_0 = 40$ 套式 $a_p = 2$			19.7	18	16.7	15.6	14	12.7	11.8	11				
$d_0 = 50$ 套式 $a_p = 2.5$			18.5	16.9	15.6	14.6	13.1	12	11.1	10.4	9.8	9.3		
$d_0 = 60$ 套式 $a_p = 3$			17.6	16.1	14.9	13.9	12.5	11.4	10.5	9.9	9.3	8.8	8.4	
$d_0 = 70$ 套式 $a_p = 3.5$				15.5	14.3	13.4	12	10.9	10.1	9.5	8.9	8.5	8.1	7.7
$d_0 = 80$ 套式 $a_p = 4$				14.4	13.4	12.5	11.1	10.2	9.4	8.8	8.3	7.9	7.5	7.2

（续）

刀具规格/mm	灰铸铁 $f/(mm/r)$															
	0.3	0.4	0.6	0.6	0.8	1	1.2	1.4	1.6	1.8	2	2.4	2.8	3.2	3.6	4
$d_0=15$ 整体 $a_p=1$	33.1	29.5	27	25.1	22.4	20.5	19									
$d_0=20$ 整体 $a_p=1.5$	35.1	31.3	28.6	26.6	23.7	21.7	20.1	18.9	17.9							
$d_0=25$ 整体 $a_p=1.5$		29.4	26.9	25	22.3	20.4	19	17.8	16.9	16.1						
$d_0=25$ 套式 $a_p=1.5$		26.4	24.1	22.4	20	18.3	17	16	15.1	14.4						
$d_0=30$ 整体 $a_p=1.5$			28	26	23	21.2	19.7	18.5	17.5	16.7	16					
$d_0=30$ 套式 $a_p=1.5$			23.7	23.2	20.7	19	17.6	16.6	15.7	15	14.4					
$d_0=35$ 整体 $a_p=1.5$					25.7	22.9	20.9	19.5	18.3	17.3	16.5	15.9	14.7			
$d_0=35$ 套式 $a_p=1.5$					23	20.5	18.7	17.4	16.4	15.5	14.8	14.2	12.4			
$d_0=40$ 整体 $a_p=1.5$					25.6	22.8	20.9	19.4		17.3	16.5	15.8	14.7	13.8		
$d_0=40$ 套式 $a_p=2$					23	20.5	18.7	17.4	16.4	15.5		14.2	13.2	12.4		
$d_0=50$ 套式 $a_p=2.5$						20.3	18.5	17.2	16.2	15.4	14	13.1	12.3	11.6		
$d_0=60$ 套式 $a_p=3$						20.1	18.4	17.1	16.1	15.2	13.9	13	12.2	11.6	11	
$d_0=70$ 套式 $a_p=3.5$							18.3	17	16	15.2	13.9	12.9	12.1	11.5	11	10.5
$d_0=80$ 套式 $a_p=4$							18.2	16.9	15.9	15.1	13.8	12.8	12.1	11.4	10.9	10.5

2. 锪孔加工

锪孔是用锪孔钻在已加工孔上加工各种圆柱形沉头孔、锥形沉头孔和凸台端面等，如图9-14所示。圆柱形锪孔钻起主要切削作用的是端面切削刃，前端有导柱起定心和导向作用。锥形锪孔钻的锥角按工件埋头孔的要求不同，有60°、75°、90°、120°四种，常用的为90°锥形锪孔钻。高速钢及硬质合金锪孔钻参考切削用量见表9-7。

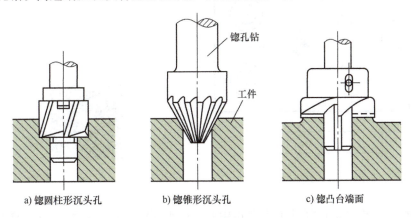

a) 锪圆柱形沉头孔   b) 锪锥形沉头孔   c) 锪凸台端面

图9-14 锪孔加工

表9-7 高速钢及硬质合金锪孔钻参考切削用量

加工材料	高速钢锪钻		硬质合金锪钻	
	进给量 $f/(mm/r)$	切削速度 $v_c/(m/min)$	进给量 $f/(mm/r)$	切削速度 $v_c/(m/min)$
铝	0.13～0.38	120～245	0.15～0.30	15～245
黄铜	0.13～0.25	45～90	0.15～0.30	120～210
软铸铁	0.13～0.18	37～43	0.15～0.30	90～107
软钢	0.08～0.13	23～26	0.10～0.20	75～90
合金钢及工具钢	0.08～0.13	12～24	0.10～0.20	55～60

3. 扩孔、锪孔加工固定循环（G82）

G82 常用于扩孔、锪孔或台阶孔的加工。

编程格式：G99/G98 G82 X ＿ Y ＿ Z ＿ R ＿ P ＿ F ＿；

刀具在当前初始平面高度快速定位到孔中心位置（X ＿ Y ＿），再沿 Z 轴负向快速定位到 R 平面，然后以进给速度 F 钻至孔深 Z 后，暂停 Ps，沿 Z 轴正向快速退刀至 R 平面（G99）或初始平面（G98）。G82 固定循环动作过程如图 9-15 所示。

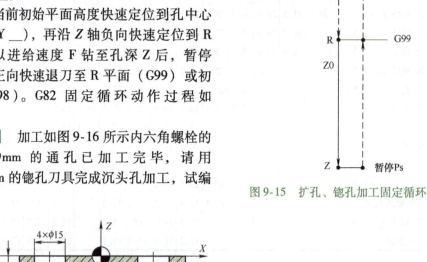

图 9-15　扩孔、锪孔加工固定循环

【例 9-3】　加工如图 9-16 所示内六角螺栓的沉头孔，ϕ9mm 的通孔已加工完毕，请用 ϕ15mm×9mm 的锪孔刀具完成沉头孔加工，试编写加工程序。

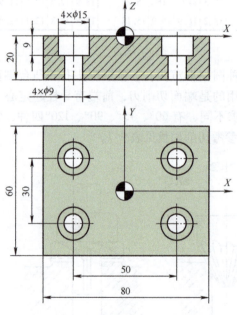

图 9-16　锪孔加工应用

二维码 9-4　运动仿真 G82

工件坐标系原点设置在零件上表面正中心，R 平面距工件上表面 5mm，锪孔加工至孔底暂停 1s，G82 锪孔加工程序见表 9-8，运动仿真视频见二维码 9-4。

表 9-8　G82 锪孔加工程序

程　序	注　释
O0903；	主程序名
G91 G28 Z0；	回参考点
T01 M06；	换 ϕ15mm×9mm 的锪孔钻
G00 G90 G40 G80 G54 X25 Y15；	程序安全保护
S300 M03；	主轴正转，转速为 300r/min

（续）

程　序	注　释
G43 Z100 H01 M08；	建立刀具长度补偿，抬刀至初始平面100mm处
G99 G82 X25 Y15 Z - 9 R5 P1000 F30；	镗孔循环，抬刀至R平面，镗孔深9mm，孔底暂停1s
X - 25；	
Y - 15；	
G98 X25；	加工完成最后一个孔，抬刀至初始平面
G80；	取消镗孔加工循环
M09；	
M05；	
G91 G28 Z0；	
M30；	程序结束

9.1.4　铰孔加工工艺及编程

1. 铰孔的工艺特点

铰孔是对中小直径的孔进行半精加工和精加工的方法，其目的是提高孔的尺寸精度，降低孔的表面粗糙度值。铰孔的尺寸公差等级可达 IT6 ~ IT9，孔的表面粗糙度可控制在 $Ra0.4 ~ 3.2\mu m$。铰通孔时的超越量一般取 3 ~ 5mm。

2. 铰孔的刀具

铰孔的刀具为铰刀，是确定尺寸的刀具，可以加工圆柱孔、圆锥孔、通孔和不通孔。粗铰时余量一般为 0.10 ~ 0.35mm，精铰时余量一般为 0.04 ~ 0.06mm。

（1）铰刀的种类　铰刀的种类较多，按材质可分为高速工具钢铰刀、硬质合金铰刀等；按柄部形状可分为直柄铰刀、锥柄铰刀、套式铰刀等，如图 9-17 所示。

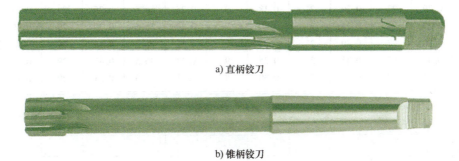

a) 直柄铰刀

b) 锥柄铰刀

c) 套式铰刀

图 9-17　各类铰刀的外形

（2）铰刀的结构　标准机用铰刀结构如图 9-18 所示，有 4～12 齿，由工作部分、空刀和柄部组成。铰刀工作部分包括切削部分与校准部分，切削部分为锥形，担负切削任务，校准部分的作用是校正孔径、修光孔壁和导向。校准部分包括圆柱部分和倒锥部分。圆柱部分保证铰刀直径，倒锥部分可减少铰刀与孔壁的摩擦。整体式铰刀的柄部有直柄和锥柄之分，直径较小的铰刀一般做成直柄形式，而大直径铰刀则常做成锥柄形式。

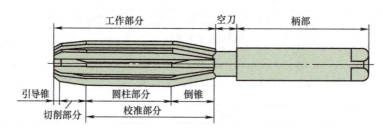

图 9-18　标准机用铰刀结构

3. 铰刀切削用量的选择

高速钢铰刀加工不同材料的切削用量见表 9-9。

表 9-9　高速钢铰刀加工不同材料的切削用量

铰刀直径 d/mm	低碳钢 120～200HBW		低合金钢 200～300HBW		高合金钢 300～400HBW		软铸铁 130HBW		中硬铸铁 175HBW		硬铸铁 230HBW	
	f	v_c	f	v_c	f	v_c	f	v_c	f	v_c	f	v_c
6	0.13	23	0.10	18	0.10	7.5	0.15	30.5	0.15	26	0.15	21
9	0.18	23	0.18	18	0.15	7.5	0.20	30.5	0.20	26	0.20	21
12	0.20	27	0.20	21	0.18	9	0.25	36.5	0.25	29	0.25	24
15	0.25	27	0.25	21	0.25	9	0.30	36.5	0.30	29	0.30	24
19	0.30	27	0.30	21	0.25	9	0.38	36.5	0.38	29	0.36	24
22	0.33	27	0.33	21	0.25	9	0.43	36.5	0.43	29	0.41	24
25	0.51	27	0.38	21	0.30	9	0.51	36.5	0.51	29	0.41	24

铰刀直径 d/mm	可锻铸铁		铸造黄铜及青铜		铝合金及锌合金		塑料		不锈钢		钛合金	
	f	v_c	f	v_c	f	v_c	f	v_c	f	v_c	f	v_c
6	0.10	17	0.13	46	0.15	43	0.13	21	0.05	7.5	0.15	9
9	0.18	20	0.18	46	0.20	43	0.18	21	0.10	7.5	0.20	9
12	0.20	20	0.23	52	0.25	49	0.20	24	0.15	9	0.25	12
15	0.25	20	0.30	52	0.30	49	0.25	24	0.20	9	0.25	12
19	0.30	20	0.41	52	0.38	49	0.30	24	0.25	11	0.30	12
22	0.33	20	0.43	52	0.43	49	0.33	24	0.30	12	0.38	18
25	0.38	20	0.51	52	0.51	49	0.51	24	0.36	14	0.51	18

注：f 为进给量（mm/r）；v_c 为切削速度（m/min）。

4. 铰孔加工固定循环（G85）

G85 常用于铰孔和扩孔加工，也可用于粗镗孔加工。

编程格式：G99/G98 G85 X ___ Y ___ Z ___ R ___ F ___；

刀具在当前初始平面高度快速定位到孔中心位置（X ___ Y ___），接着快速定位到 R 平面，再以进给速度 F 铰孔至孔深 Z，然后以进给速度退刀至 R 平面；当执行 G98 方式时，继续从 R 平面快速返回初始平面。G85 固定循环动作过程如图 9-19 所示。

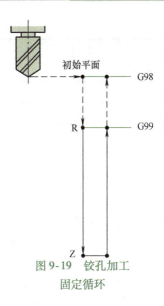

图 9-19　铰孔加工固定循环

【**例 9-4**】 图 9-20 所示孔的粗加工已完成，单边预留了 0.1mm 的切削余量，工件材料为 45 钢，用高速钢铰刀进行孔的精加工，试用 G85 指令编写铰孔加工程序。

工件坐标系设置在零件上表面正中心，R 平面距工件上表面 5mm，超越量取 5mm，G85 铰孔加工程序见表 9-10，运动仿真视频见二维码 9-5。

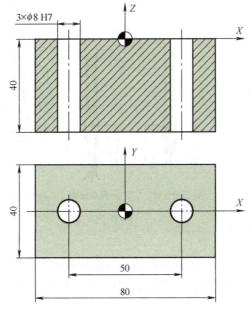

图 9-20　G85 粗加工应用

二维码 9-5　循环运动仿真 G85

表 9-10　G85 铰孔加工程序

程　序	注　释
O09004;	主程序名
G91 G28 Z0;	回参考点
T01 M06;	换 8mm 的铰刀
G00 G90 G40 G80 G54 X25 Y0;	程序安全保护
S600 M03;	主轴正转，转速为 600r/min
G43 Z100 H01 M08;	建立刀具长度补偿，抬刀至初始平面 100mm 处
G99 G85 X25 Y0 Z−45 R5 F100;	铰孔循环，抬刀至 R 平面，铰孔 Z 坐标等于孔深加上超越量

（续）

程　　　序	注　　　释
G98 X－25；	铰孔加工完成后，抬刀至初始平面
G80；	取消铰孔加工循环
M09；	
M05；	
G91 G28 Z0；	
M30；	程序结束

9.1.5　螺纹孔加工工艺及编程

1. 螺纹加工刀具

在铣床或加工中心加工内螺纹时，大多采用丝锥攻螺纹的方法来加工内螺纹，也可采用螺纹铣削刀具来铣削螺纹。

（1）丝锥　丝锥是加工内螺纹常用的工具，按照形状可以分为直槽丝锥、螺尖丝锥、螺旋槽丝锥等，按驱动不同可分为手用丝锥和机用丝锥，按加工方式不同可分为切削丝锥和挤压丝锥。

1）直槽丝锥如图9-21a所示。通用性强，切削锥部有2、4、6牙，可用于通孔及不通孔的加工，切屑存在于丝锥槽中，加工的螺纹质量不高。

2）螺尖丝锥如图9-21b所示。常用于通孔加工，加工螺纹时切屑向下排出，切削转矩小，被加工的螺纹表面质量高，也被称为刃倾角丝锥或先端丝锥。

3）螺旋槽丝锥如图9-21c所示。常用于不通孔加工，切屑顺着螺旋槽排出，螺纹表面质量高。

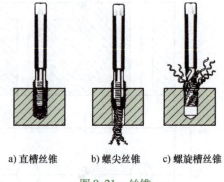

a) 直槽丝锥　　b) 螺尖丝锥　　c) 螺旋槽丝锥

图9-21　丝锥

（2）螺纹铣刀　螺纹铣刀通过数控机床 X、Y、Z 三轴联动，沿螺旋线铣削而形成螺纹，刀具在水平面上每旋转一周，在垂直面内则直线移动一个导程。与传统螺纹加工方式相比螺纹铣削加工有如下优点：

1）加工速度快，效率高，加工精度高。采用硬质合金材料制作的刀具走刀速度快，制造精度高，可以提高螺纹加工精度，同时降低刀具使用成本。

2）铣削刀具使用范围大。只要是螺距相同，无论是左旋螺纹还是右旋螺纹，均可使用一把刀具加工。

3）铣削加工易于排屑、冷却，切削情况较好。相对丝锥来讲，特别适用于铝、铜、不锈钢等难加工材料的螺纹加工，能够保证螺纹加工质量和工件的安全。

4）可用于没有退刀槽的不通孔螺纹加工。

常用的有机夹式螺纹铣刀和整体式螺纹铣刀两种。

机夹式螺纹铣刀如图9-22所示，其结构与普通机夹式铣刀类似，由可重复使用的刀杆和可方便更换的刀片组成。其特点是刀片易于制造，价格较低，但抗冲击性能稍差，因此，机夹式螺纹铣刀具常用于加工铝合金材料。

整体式螺纹铣刀如图 9-23 所示，铣刀结构紧凑，刀具刚性较好，大多用整体硬质合金材料制造，切削刃上布满螺纹加工齿，沿螺旋线加工一周即可完成整个螺纹加工，无须像机夹式刀具那样分层加工，因此加工效率较高，切削平稳，寿命长，但价格也相对较贵，比较适合精度要求较高的中、小直径螺纹加工。

图 9-22 机夹式螺纹铣刀

图 9-23 整体式螺纹铣刀

2. 内螺纹加工工艺

（1）螺纹底孔直径的确定 攻螺纹时，丝锥在切削金属的同时，还伴随较强的挤压作用。因此，金属产生塑性变形形成凸起挤向牙尖，使攻出的螺纹小径小于攻螺纹前加工出的底孔直径。因此，攻螺纹前的底孔直径应稍大于螺纹小径，否则攻螺纹时因挤压作用而使螺纹牙顶与丝锥牙底之间没有足够的容屑空间，容易将丝锥箍住，甚至折断丝锥。但底孔直径也不应过大，否则会使螺纹牙型高度不够，降低强度。

攻螺纹前所加工的底孔直径大小通常根据经验公式决定，其公式为

$$D_{底} = D - P \quad （加工钢件等塑性金属）$$
$$D_{底} = D - 1.05P \quad （加工铸铁等脆性金属）$$

式中 $D_{底}$——攻螺纹、钻螺纹底孔用钻头直径（mm）；

D——螺纹大径（mm）；

P——螺距（mm）。

（2）不通孔螺纹底孔长度的确定 攻不通孔螺纹时，由于丝锥端部切削部分有锥角，不能切出完整的牙型，所以钻孔深度要大于螺纹的有效深度，如图 9-24 所示。一般取

$$H_{钻} = h_{有效} + 0.7D$$

式中 $H_{钻}$——底孔深度（mm）；

$h_{有效}$——螺纹有效深度（mm）；

D——螺纹大径（mm）。

（3）导入距离 δ_1 和导出距离 δ_2 的确定 在数控机床上攻螺纹时，沿螺距方向的 Z 向进给应和机床主轴的旋转保持严格的速比关系，但在实际攻螺纹开始时，伺服系统不可避免地有一个加速的过程，结束前也相应有一个减速的过程，在这两段时间内，螺距得不到有效的保证。为了避免这种情况的出现，在安排工艺时要尽可能考虑合理的导入距离 δ_1 和导出距

离 δ_2，如图 9-25 所示。

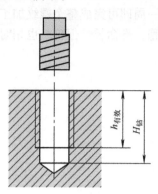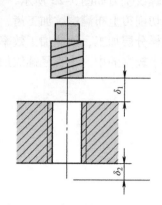

图 9-24　不通孔螺纹底孔长度　　　　图 9-25　攻螺纹轴向起点和终点

δ_1 和 δ_2 的数值与机床控制系统的动态特性有关，还与螺纹的螺距和螺纹的精度有关。一般 δ_1 取 $(2 \sim 3)P$，δ_2 一般取 $(1 \sim 2)P$。此外，在加工通孔螺纹时，导出量还要考虑丝锥前端切削锥角的长度。

3. 攻螺纹加工固定循环（G84/G74）

攻螺纹加工有 G84 和 G74 两个指令，分别用于右旋螺纹加工和左旋螺纹加工，指令中的 F 是指螺纹的导程，单线螺纹则为螺纹的螺距。在用 G74 指令与 G84 指令攻螺纹期间，进给倍率和进给保持（循环暂停）均被忽略。

编程格式：G99/G98 G84/G74 X __ Y __ Z __ R __ F __;

G84 固定循环动作过程如图 9-26a 所示，丝锥在初始平面高度快速定位到孔中心位置（X __ Y __），接着快速下降到 R 平面，正转起动主轴，以进给速度（导程/转）F 切削至孔深 Z 处，主轴停转，再反转起动主轴，以进给速度（导程/转）F 退刀至 R 平面，主轴停转，当执行 G98 方式时，快速返回初始平面。

G74 指令动作与 G84 指令基本类似，只是在快速下降至安全平面后，反转起动主轴，丝锥攻至孔深 Z 后，主轴停转，再正转起动主轴，以进给速度（导程/转）F 退刀至 R 平面，其固定循环动作过程如图 9-26b 所示。

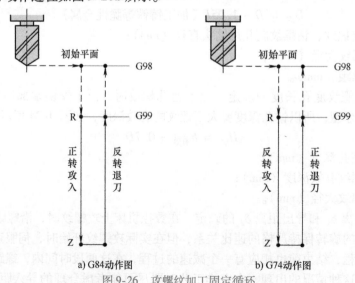

a) G84动作图　　　　　　　b) G74动作图

图 9-26　攻螺纹加工固定循环

【例9-5】 用攻螺纹固定循环指令编写图 9-27 中 2 个螺纹孔的加工程序，螺纹底孔已加工完成。

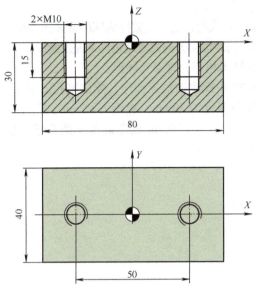

图 9-27 攻螺纹加工应用

二维码 9-6 运动仿真 G84

该螺纹未标注旋向，为右旋螺纹，应采用 G84 指令加工。在攻螺纹前，应先钻出螺纹底孔。M10 粗牙螺纹的螺距为 1.5mm，孔底直径应为

$$D_{底} = D - P = (10 - 1.5)\text{mm} = 8.5\text{mm}$$

加工螺纹时主轴转速 S 取 100r/min，螺距为 1.5mm，进给速度应为

$$F = S \times P = 100 \times 1.5\text{mm/min} = 150\text{mm/min}$$

攻螺纹加工程序见表 9-11，运动仿真视频见二维码 9-6。

表 9-11 攻螺纹加工程序

程 序	注 释
O0905；	主程序名
G91 G28 Z0；	回参考点
T01 M06；	换 M10 的丝锥
G00 G90 G40 G80 G54 X25 Y0；	程序安全保护
S100 M03；	主轴正转，转速为100r/min
G43 Z100 H01 M09；	建立刀具长度补偿，抬刀至初始平面100mm处
G99 G84 X25 Y0 Z – 15 R5 F150；	攻螺纹循环，进给速度为150mm/min
G98 X – 25；	攻螺纹加工完成后，抬刀至初始平面
G80；	取消攻螺纹孔加工循环
M09；	
M05；	
G91 G28 Z0；	
M30；	程序结束

4. 铣削螺纹加工编程

螺纹铣刀沿螺旋线切削即可实现铣削螺纹。

指令格式：G17 G02/G03 X ＿＿ Y ＿＿ I ＿＿ J ＿＿ Z ＿＿ F ＿＿；

故铣削螺纹由刀具的自转与机床的螺旋插补形成的，是利用数控机床的圆弧插补指令和螺纹铣刀绕螺纹轴线进行 X、Y 方向圆弧插补运动，同时轴向方向做直线运动来完成螺纹加工的。

每次螺旋插补 Z 向下刀距离应与螺纹的导程相等，即 Z = 导程。

【例 9-6】 用铣削螺纹的方法编写图 9-28 中螺纹的加工程序，螺纹底孔已加工完成。

导入距离取 2mm，导出距离取 2mm，螺纹深度为 30mm，螺距 P = 2mm，则螺旋铣削加工的圈数为 17 圈。螺纹大径为 ϕ30mm，选用直径为 ϕ20mm 机夹式螺纹铣刀进行加工，铣螺纹的加工程序见表 9-12，运动仿真视频见二维码 9-7。

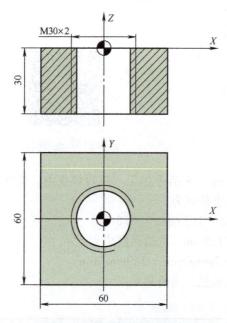

图 9-28　铣削螺纹加工程序　　　　二维码 9-7　铣螺纹运动仿真

表 9-12　铣螺纹的加工程序

程　序	注　释
O0906；	主程序名
G91 G28 Z0；	回参考点
T01 M06；	换螺纹铣刀
G00 G90 G40 G80 G54 X0 Y0 ；	程序安全保护
M03 S1500；	主轴正转，转速为 1500r/min
G43 Z100 H01 M08；	建立刀具长度补偿，抬刀至初始平面 100mm 处
Z5.0；	下刀至 Z5.0mm 的高度
G01 Z2 F300；	留有 2mm 的螺纹导入量
G42 G01 X3.0 Y12 D01；	建立刀具半径补偿
G02 X15 Y0 R12；	圆弧切入
M98 P179007；	调用铣螺纹子程序 O0002 共 17 次

（续）

程　　序	注　　释
G90 G02 X3 Y –12 R12；	圆弧切出
G40 G01 X0 Y0；	取消刀具半径补偿
G00 Z100 M09；	抬高刀具，主轴停止
M30；	程序结束
M05；	
G91 G28 Z0；	
O9007；	铣螺纹子程序
G91 G02 I –15 Z –2 F300；	螺纹加工，刀具每转一周 Z 向移动 2mm
M99；	子程序结束

9.1.6　镗孔加工工艺及编程

1. 镗孔的工艺特点

镗孔是利用镗刀将工件上已有的孔扩大，以提高孔的尺寸精度和表面质量。镗孔加工可分为粗镗、半精镗、精镗。粗镗的尺寸公差等级为 IT10 ~ IT13，表面粗糙度值为 $Ra6.3$ ~ $12.5\mu m$；半精镗的尺寸公差等级为 IT9 ~ IT10，表面粗糙度值为 $Ra3.2$ ~ $6.3\mu m$；精镗的尺寸公差等级为 IT6 ~ IT8，表面粗糙度值为 $Ra0.8$ ~ $1.6\mu m$。

2. 镗孔的刀具

在加工中心上进行镗孔通常是采用悬臂式的加工，因此要求镗刀有足够的刚性和较好的精度。为适应不同的切削条件，镗刀有多种类型。按加工精度可分为粗镗刀和精镗刀；按镗刀切削刃数量可分为单刃镗刀和双刃镗刀。

1）单刃镗刀根据刀头在刀杆上的安装形式，可分成45°倾斜型粗镗刀和90°直角型粗镗刀，如图 9-29 所示，用螺钉将镗刀刀头锁紧在镗杆上，镗孔径的大小要靠调整刀头的悬伸长度来保证。调整麻烦、效率低，大多用于单件小批量生产。

2）双刃镗刀如图 9-30 所示，其端面有一对对称的切削刃同时参加切削，与单刃镗刀相比，每转进给量可提高 1 倍左右，生产效率高，双刃同时切削可以消除径向切削力对镗杆的影响。

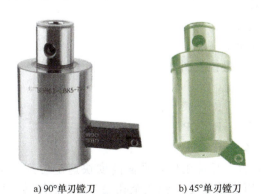

a) 90°单刃镗刀　　　　　b) 45°单刃镗刀

图 9-29　单刃镗刀

图 9-30　双刃镗刀

3）组合式镗刀如图9-31所示，由基础柄部、微调精镗头、镗刀杆套件和镗刀片组成。可按照需求进行快速组合及调整，刀具的刚性好，广泛应用于机械加工、汽车零部件制造和航空航天等领域各种材料的内孔精加工。

图9-31　组合式镗刀

镗孔的参考切削用量见表9-13。

表9-13　镗孔的参考切削用量

加工方式	刀具材料	$v_c/(m/min)$					$f/(mm/r)$	a_p/mm（直径）
		软钢	中硬钢	铸钢	铝镁合金	铜合金		
半精镗	高速钢	18~25	15~18	18~22	50~75	30~60	0.1~0.3	0.1~0.8
	硬质合金	50~70	40~50	50~70	150~200	150~200	0.08~0.25	
精镗	高速钢	25~28	18~20	22~25	50~75	30~60	0.02~0.08	0.05~0.2
	硬质合金	70~80	60~65	70~80	150~200	150~200	0.02~0.06	
钻孔	高速钢	20~25	12~18	14~20	30~40	60~80	0.08~0.15	—
扩孔		22~28	15~18	20~24	30~50	60~90	0.1~0.2	2~5
精钻精铰		6~8	5~7	6~8	8~10	8~10	0.08~0.2	0.05~0.1

注：1. 加工精度高、工件材料硬度高时，切削用量选小值。

　　2. 刀架不平衡或切屑飞溅大时，切削速度选小值。

3. 粗镗孔加工固定循环（G86/G88/G89）

除了前面介绍的铰孔指令G85可用于粗镗孔外，G86、G88和G89指令也可用于粗镗孔。

编程格式：G99/G98 G86 X __ Y __ Z __ R __ F __;

　　　　　　G99/G98 G88 X __ Y __ Z __ R __ P __ F __;

　　　　　　G99/G98 G89 X __ Y __ Z __ R __ P __ F __;

1）G86固定循环动作如图9-32a所示，刀具在初始平面高度快速定位到孔中心位置（X __ Y __），接着快速下刀至R平面，以进给速度F镗孔至孔底Z，主轴停转，快速退刀至R平面（G99）或初始平面（G98），刀具在退回过程中容易在工件表面划出条痕，常用于尺寸精度及表面粗糙度要求不高的镗孔加工，其也可用于扩孔加工。

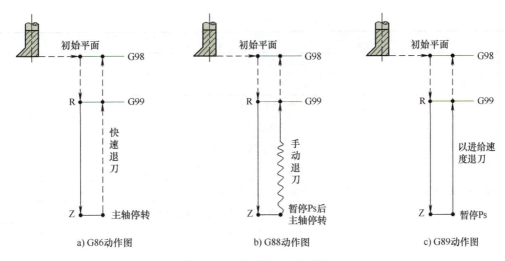

a) G86动作图　　　　　b) G88动作图　　　　　c) G89动作图

图 9-32　粗镗孔加工固定循环

2）G88 循环指令较为特殊，刀具以切削进给方式加工到孔底，然后刀具在孔底暂停 Ps 后主轴停转，再通过手动方式从孔中安全退出刀具，固定循环动作如图 9-32b 所示。这种加工方式虽能提高孔的加工精度，但加工效率较低。因此，该指令常在单件加工中采用。

3）G89 循环指令动作与 G86 类似，不同的是执行 G89 指令刀具在孔底暂停 Ps 后，以进给速度返回至 R 平面，固定循环动作如图 9-32c 所示。G89 指令也可用于铰孔、扩孔加工。

【例9-7】　试用粗镗孔循环指令 G89 编写图 9-33 中 2 个 φ30mm 孔的加工程序。

工件坐标系设置在零件上表面正中心，R 平面距工件上表面 5mm，镗至孔底暂停 2s，G89 粗镗孔加工程序见表 9-14，运动仿真视频见二维码 9-8。

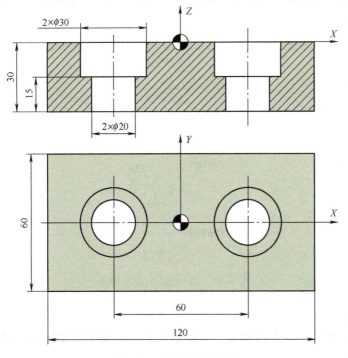

图 9-33　粗镗孔加工应用

二维码 9-8　粗镗孔循环仿真视频 G89

表 9-14　G89 粗镗孔加工程序

程　序	注　释
O0908；	主程序名
G91 G28 Z0；	回参考点
T01 M06；	换45°角粗镗刀
G00 G90 G40 G80 G54 X－30 Y0 ；	程序安全保护
S800 M03；	主轴正转，转速为800r/min
G43 Z100 H01 M08；	建立刀具长度补偿，抬刀至初始平面100mm 处
G99 G89 X－30 Y0 Z－15 R5 P2000 F150；	粗镗左侧孔，孔底暂停2s，进给速度为150mm/min
G98 X30；	粗镗右侧孔，加工完成最后抬刀至初始平面
G80；	取消镗孔加工循环
M09；	
M05；	
G91 G28 Z0；	
M30；	程序结束

4. 精镗孔加工固定循环（G76）

刀具镗至孔底后，主轴定向停止，刀具向反刀尖方向偏移一个距离后再退刀，使刀具在退出时刀尖不致划伤孔的表面，常用于精密镗孔。

编程格式：G99/G98 G76 X ＿ Y ＿ Z ＿ R ＿ Q ＿ P ＿ F ＿；

G76 固定循环动作如图 9-34 所示，镗刀在初始平面高度快速移至孔中心（X ＿，Y ＿），快速降至 R 平面，以进给速度 F 镗孔至孔底 Z，暂停 Ps，主轴定向停止转动，刀具向反刀尖方向快速偏移 Q，然后快速抬刀至安全平面（G99 时）或初始平面（G98 时），再沿刀尖方向平移 Q，恢复主轴转动。

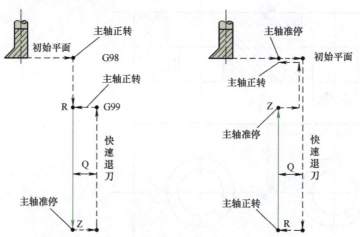

图 9-34　G76 精镗固定循环动作　　　图 9-35　G87 背镗固定循环动作

5. 反镗孔加工固定循环（G87）

反镗孔时的镗孔进给方向与一般孔加工方向相反，刀具沿 Z 轴正向向上加工进给，安全平面 R 在孔底 Z 的下方。

编程格式：G98 G87 X ＿ Y ＿ Z ＿ R ＿ Q ＿ P ＿ F＿;

G87 固定循环动作如图 9-35 所示。刀具在初始平面高度快速移至孔中心（X ＿，Y ＿）；主轴定向停转，刀具向反刀尖方向偏移 Q 值，沿 Z 轴负向快速降至 R 平面；刀具沿刀尖正向偏移 Q 值，主轴正转起动，再沿 Z 轴正向以进给速度向上反镗至孔底 Z，暂停 Ps；主轴定向停转，反刀尖方向偏移 Q，并快速沿 Z 轴正向退刀至初始平面高度；再沿刀尖正向横移 Q 回到初始孔中心位置，主轴再次起动。反镗孔加工指令 G87 不能用 G99 指令编程。

【例9-8】 试用精镗孔循环指令 G76 编写图 9-36 中 2 个 φ30mm 孔的加工程序。

工件坐标系设置在零件上表面正中心，R 平面距工件上表面 5mm，镗孔超越量取 1mm，G76 精镗孔加工程序见表 9-15，运动仿真视频见二维码 9-9。

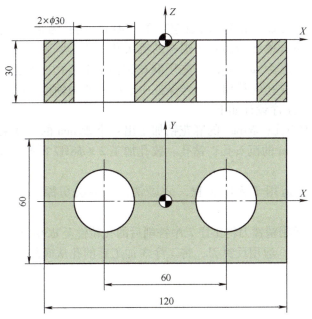

图 9-36　G76 精镗孔加工应用

二维码 9-9　精镗孔仿真视频 G76

表 9-15　G76 精镗孔加工程序

程 序	注 释
O0909；	主程序名
G91 G28 Z0；	回参考点
T01 M06；	换精镗刀
G00 G90 G40 G80 G54 X－30 Y0；	程序安全保护
S1200 M03；	主轴正转，转速为 1200r/min
G43 Z100 H01 M08；	建立刀具长度补偿，抬刀至初始表面 100mm 处
G99 G76 X－30 Y0 Z－31 R5 Q0.5 F150；	精镗左侧孔，孔底超越量 1mm，镗孔后反方向让刀 0.5mm，进给速度为 150mm/min
G98 X30；	精镗右侧孔，加工完成抬刀至初始平面
G80；	取消镗孔加工循环

（续）

程　　序	注　　释
M09；	
M05；	
G91 G28 Z0；	
M30；	程序结束

9.2　加工工艺设计

9.2.1　加工工艺分析

该零件外轮廓已加工完成，本例主要设计孔的加工工艺。2 个 $\phi8H7$ 的孔为定位销孔，钻孔后通过铰孔进行精加工；4 个 $\phi16mm$ 的孔为内六角螺栓的沉头孔，钻孔后通过沉头铣刀进行锪孔加工；$\phi30mm$ 的孔表面粗糙度为 $Ra1.6\mu m$，先用麻花钻钻出工艺孔，再运用立铣刀铣孔进行孔的粗加工，最后镗孔完成孔的精加工；为保证中心两孔的同轴度，$\phi50mm$ 孔采用反镗孔指令进行加工。具体加工工序设计如下。

工序 1：中心钻加工出所有孔的中心孔；$\phi9mm$ 的麻花钻加工出 4 个 $\phi9mm$ 的孔及钻削 $\phi30mm$ 的底孔；沉头铣刀加工 $4\times\phi16mm$ 的沉头孔；钻孔、铰孔加工 $2\times\phi8H7$ 的孔；钻 4 个 M8 螺纹底孔，攻螺纹。

工序 2：中心 $\phi30mm$ 孔粗加工，运用子程序编程，分层铣削，每层切深 2mm，将 $\phi9mm$ 的工艺孔铣削到 $\phi29.6mm$。

工序 3：中心 $\phi30mm$ 孔精加工，运用精镗刀将工序 2 中铣削后的孔精镗至 $\phi30mm$。

工序 4：中心底部 $\phi50mm$ 孔精加工，运用反镗刀，将工序 3 加工后的孔从底部沿 Z 轴负向反镗至 $\phi50mm$。

9.2.2　设计加工工艺卡

零件加工工艺卡见表 9-16。

表 9-16　零件加工工艺卡　　　　　　　　　　　　（单位：mm）

产品名称或代号		毛坯类型及尺寸		零件名称		零件图号

工序号	程序编号	夹具名称	使用设备	数控系统		场地
1	O9010	机用虎钳	加工中心	FANUC 0i – MD		实训中心

工步号	工步内容	刀具号	刀具	转速 /(r/min)	进给速度 /(mm/min)	切深 /mm	备注
1	钻定位孔	T01	中心钻	1500	150	1	
2	钻孔 $4\times\phi9mm$，钻 $\phi30mm$ 底孔至 $\phi9mm$	T02	$\phi9mm$ 麻花钻	800	100	28	
3	锪沉头孔 $4\times\phi16mm$	T03	$\phi16mm$ 的沉头铣刀	300	30	9	
4	钻 $2\times\phi8H7$ 底孔	T04	$\phi7.8mm$ 麻花钻	1000	120	28	
5	铰孔 $2\times\phi8H7$	T05	$\phi8mm$ 铰刀	500	50	28	
6	钻 $4\times M8$ 螺纹底孔	T06	$\phi6.8mm$ 麻花钻	1200	120	28	
7	攻螺纹孔 $4\times M8$	T07	M8 丝锥	100	125	28	

（续）

工序号	程序编号	夹具名称	使用设备	数控系统		场地	
2	O9011	机用虎钳	加工中心	FANUC 0i – MD		实训中心	
工步号	工步内容	刀具号	刀具	转速/(r/min)	进给速度/(mm/min)	切深/mm	备注
1	铣孔 ϕ9mm 到 ϕ29.6mm	T08	ϕ8mm 的铣刀	1500	500	每层切深 2	运用子程序编程，分层铣削
工序号	程序编号	夹具名称	使用设备	数控系统		场地	
3	O9013	机用虎钳	加工中心	FANUC 0i – MD		实训中心	
工步号	工步内容	刀具号	刀具	转速/(r/min)	进给速度/(mm/min)	切深/(mm)	备注
1	精镗 ϕ29.6mm 到 ϕ30mm	T09	精镗刀	800	60		
工序号	程序编号	夹具名称	使用设备	数控系统		场地	
4	O9014	机用虎钳	加工中心	FANUC 0i – MD		实训中心	
工步号	工步内容	刀具号	刀具	转速/(r/min)	进给速度/(mm/min)	切深/(mm)	备注
1	反镗 ϕ30mm 到 ϕ50mm	T10	反镗刀	600	40		

9.2.3 设计数控加工刀具卡

零件数控加工刀具卡见表 9-17。

表 9-17 零件数控加工刀具卡 （单位：mm）

产品名称或代号		零件名称			零件图号	
序号	刀具号	刀具名称	刀具		刀具材料	备注
			直径	长度	圆角半径	
1	T01	中心钻	ϕ3mm		高速钢	
2	T02	麻花钻	ϕ9mm		高速钢	
3	T03	沉头铣刀	ϕ16mm		高速钢	
4	T04	麻花钻	ϕ7.8mm		高速钢	
5	T05	铰刀	ϕ8mm		高速钢	
6	T06	麻花钻	ϕ6.8mm		高速钢	
7	T07	机用丝锥	M8		高速钢	
8	T08	立铣刀	ϕ8mm		高速钢	
9	T09	精镗刀			硬质合金	
10	T10	反镗刀			硬质合金	

9.3 零件编程

9.3.1 走刀路线设计

1. 钻、扩、铰、攻螺纹走刀路线

为提高各孔间的位置精度，避免机床反向间歇引起孔的位置误差，钻、扩、铰、攻螺纹进尽量避免反向走刀，钻中心孔走刀路线如图 9-37 所示，钻孔、螺纹孔加工走刀路线参考钻中心孔走刀路线。

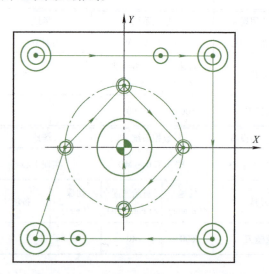

图 9-37 钻中心孔走刀路线

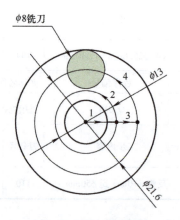

图 9-38 铣孔走刀路线

2. 铣孔走刀路线

粗铣 $\phi30mm$ 的孔至 $\phi29.8mm$，选用 $\phi8mm$ 的立铣，刀具从中心已钻出的直径 9mm 的工艺孔处垂直下刀，分层铣削，铣孔每层的走刀路线如图 9-38 所示，铣孔走刀路线设计讲解见二维码 9-10。

二维码 9-10 铣孔走刀路线设计

9.3.2 编写加工程序

1）工序 1 钻孔、铰孔、螺纹孔加工程序（见表 9-18）。

表 9-18 钻孔、铰孔、螺纹孔加工程序

O0910	X −48;
G91 G28 Z0;	X −32.5 Y0 Z −1;
T01 M06（换中心钻）;	X0 Y32.5;
G00 G90 G40 G80 G54 X −48 Y48;	X32.5 Y0;
S1500 M03;	X0 Y −32.5;
G43 Z100 H01 M08;	G98 Y0;
G99 G81 X −48 Y48 Z −7 R5 F150;	G80;
X20;	G91 G28 Z0;
X48;	T02 M06（换 $\phi9mm$ 麻花钻）;
Y −48;	G00 G90 G40 G80 G54 X −48 Y48;
X −25;	S800 M03;

（续）

G43 Z100 H02 M08;	G43 Z100 H05 M08;
G99 G83 X－48 Y48 Z－28 Q8 F100;	G99 G85 X20 Y48 Z－28 F50;
X48;	G98 X－25 Y－48;
Y－48;	G80;
X－48;	G91 G28 Z0;
G98 X0 Y0;	T06 M06（换φ6.8mm麻花钻）;
G80;	G00 G90 G40 G80 G54 X－32.5 Y0;
G91 G28 Z0;	S1200 M03;
T03 M06（换φ16mm沉头铣刀）;	G43 Z100 H06 M08;
G00 G90 G40 G80 G54 X－48 Y48;	G99 G83 X－32.5 Y0 Z－28 Q8 F120;
S300 M03;	X0 Y32.5;
G43 Z100 H03 M08;	X32.5 Y0;
G99 G82 X－48 Y48 Z－15 R5 P1000 F30;	G98 X0 Y－32.5;
X48;	G80;
Y－48;	G91 G28 Z0;
G98 X－48;	T07 M06（换M8丝锥）;
G80;	G00 G90 G40 G80 G54 X－32.5 Y0;
G91 G28 Z0;	S100 M03;
T04 M06（换φ7.8mm麻花钻）	G43 Z100 H07 M08;
G00 G90 G40 G80 G54 X20 Y48;	G99 G84 X－32.5 Y0 Z－28 F125;
G43 Z100 H04;	X0 Y32.5;
S1000 M03 M08;	X32.5 Y0;
G99 G83 X20 Y48 Z－28 Q8 F120;	G98 X0 Y－32.5;
G98 X－25 Y－48;	G80;
G80;	M09;
G91 G28 Z0;	M05;
T05 M06（换φ8mm铰刀）;	G91 G28 Z0;
G00 G90 G40 G80 G54 X20 Y48;	M30;
S500 M03;	

2）工序2铣孔粗加工程序（见表9-19）。

表9-19 铣孔粗加工程序

O0911	G91 G28 Z0;
G91 G28 Z0;	M30;
T08 M06（换φ8mm铣刀）;	O0912;
G00 G90 G40 G80 G54 X0 Y0;	G91 G01 Z－2 F500;
S1500 M03;	G90 G01 X6.5;
G43 Z100 M08;	G03 I－6.5 J0;
Z5;	G01 X10.8;
G01 Z1.5;	G03 I－10.8 J0;
M98 P130912;	G01 X0;
G01 Z5;	M99;
G00 Z100 M09;	
M05;	

3）工序3精镗孔加工程序（见表9-20）。

表 9-20　精镗孔加工程序

O0913	G80；
G91 G28 Z0；	M09；
T09 M06（换镗刀）；	M05；
G00 G90 G40 G80 G54 X0 Y0；	G91 G28 Z0；
S800 M03；	Y0；
G43 Z100 H09 M08；	M30；
G98 G76 X0 Y0 Z－25 R5 Q0.5 F60；	

4）工序 4 反镗孔加工程序（见表 9-21）。

表 9-21　反镗孔加工程序

O0914	G80；
G91 G28 Z0；	M09；
T010 M06（换背镗刀）；	M05；
G00 G90 G40 G80 G54 X0 Y0；	G91 G28 Z0；
S600 M03；	Y0；
G43 Z100 H10 M08；	M30；
G98 G87 X0 Y0 Z－16 R－26 Q0.5 P1000 F40；	

9.4　零件加工

9.4.1　零件装夹、找正及对刀

1）毛坯装夹与找正。

2）刀具装入刀具库。

3）用寻边器和 Z 轴设定器建立工件坐标系。

9.4.2　加工程序输入与编辑

1）从 CF 卡导入加工程序。

2）钻孔、铰孔、螺纹孔加工刀具补偿参数设计与输入。

3）铣孔粗加工刀具补偿参数设计与输入。

4）镗孔加工刀具补偿参数设计与输入。

9.4.3　零件加工及检验

1）将工件坐标系向上移动 100mm，运行程序并检验。

2）钻孔、铰孔、螺纹孔加工。

3）铣孔加工及尺寸检测。

4）镗孔加工、镗刀调整及尺寸检测。

5）使用游标卡尺和深度尺测量加工尺寸。

二维码 9-11　装夹、找正及对刀操作

二维码 9-12　程序输入与刀补参数设计

二维码 9-13　钻孔、铣孔加工及检验操作

二维码 9-14　镗孔加工及检验操作

❖ **模块总结**

本模块主要介绍钻孔、扩孔、锪孔、铰孔、攻螺纹孔、镗孔加工刀具类型及工艺特点，各固定循环的编程格式、动作路线、加工特点及注意事项，通过加工实例，学习孔类零件加工工艺设计的方法和思路。

❖ **思考与练习**

1. 孔加工固定循环中初始平面、R 平面、孔底平面的含义。
2. 在数控加工中，孔加工固定循环由哪几个顺序动作构成？
3. 在数控机床上攻螺纹时，为何需要设计合理的导入距离和导出距离？
4. 加工图 9-39 所示的零件，材料为 45 钢，分析零件的加工工艺，编制数控加工程序。

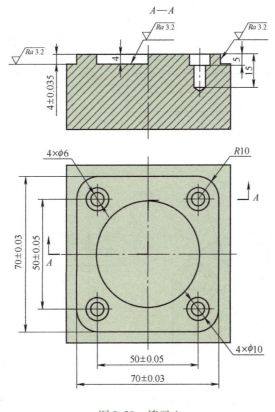

图 9-39　练习 4

5. 加工图 9-40 所示的零件，材料为 45 钢，分析零件的加工工艺，编制数控加工程序。
6. 加工图 9-41 所示的零件，材料为 45 钢，分析零件的加工工艺，编制数控加工程序。
7. 加工图 9-42 所示的零件，材料为 45 钢，分析零件的加工工艺，编制数控加工程序。

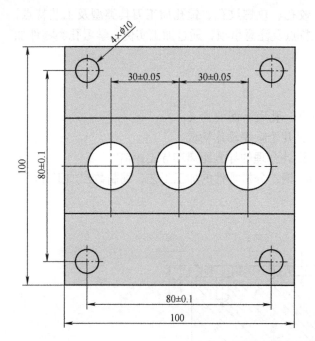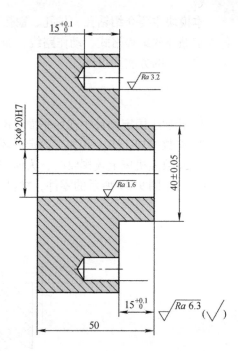

图 9-40　练习 5

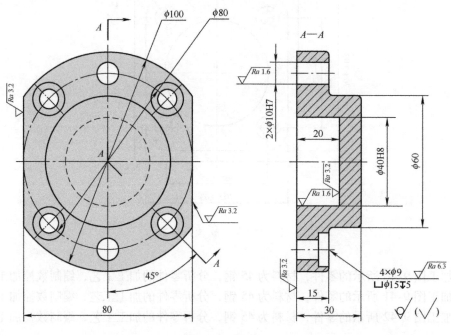

图 9-41　练习 6

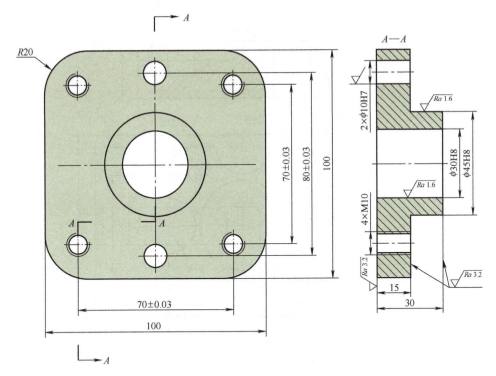

图 9-42　练习 7

8. 加工图 9-43 所示的零件，材料为 45 钢，分析零件的加工工艺，编制数控加工程序。

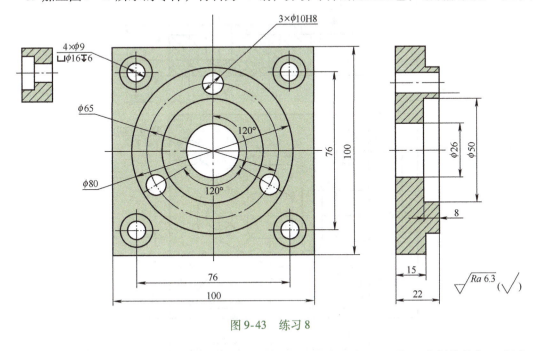

图 9-43　练习 8

9. 加工图 9-44 所示的零件，材料为 45 钢，分析零件的加工工艺，编制数控加工程序。

10. 加工图 9-45 所示的零件，材料为 45 钢，分析零件的加工工艺，编制数控加工程序。

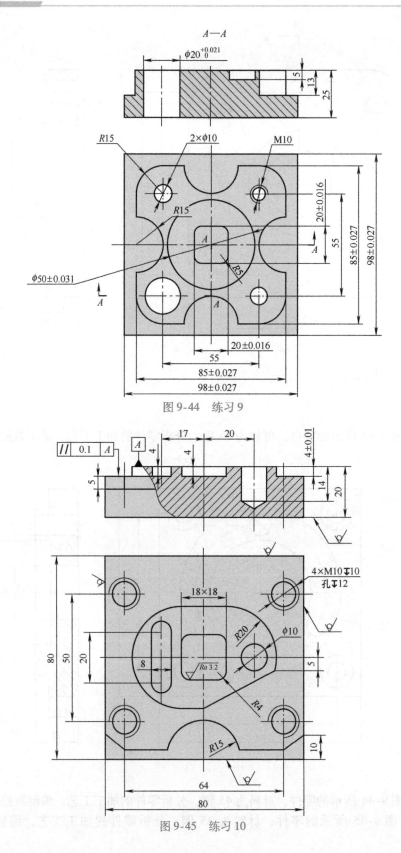

图 9-44 练习 9

图 9-45 练习 10

模块10 特征类零件加工

❖ 任务书

加工如图 10-1 所示的特征类零件，毛坯为 120mm×120mm×20mm，材料为硬铝，试分析其数控铣削加工工艺，编写加工程序。

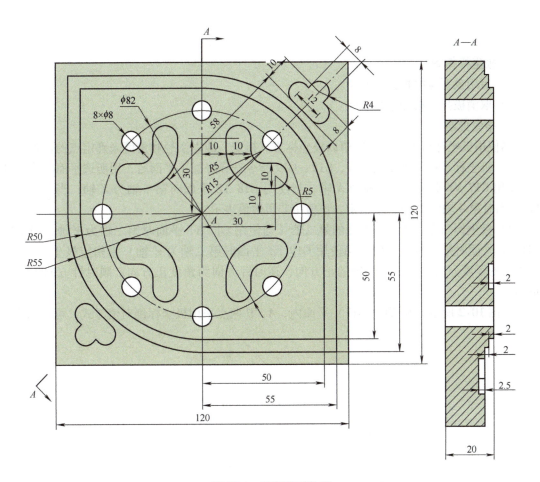

图 10-1 特征类零件图

❖ **任务目标**

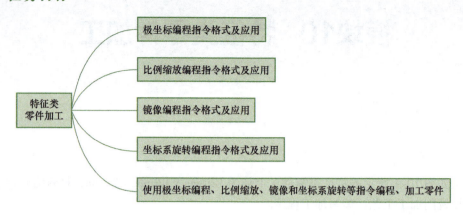

10.1 相关知识点

10.1.1 极坐标指令编程

1. 极坐标指令

1）启用极坐标编程指令 G16。

2）取消极坐标编程指令 G15。

2. 指令说明

当使用极坐标指令后，坐标值以极坐标方式指定，即以半径和角度来确定点的位置。

1）极坐标半径，当使用 G17、G18、G19 指令选择好加工平面后，用所选平面的第一轴（当使用 G17 XY 平面时第一轴为 X 轴，当使用 G18 XZ 平面时第一轴为 X 轴，当使用 G19 YZ 平面时第一轴为 Y 轴）来指定，该值用非负数值表示。

2）极坐标角度，用所选平面的第二轴（当使用 G17 XY 平面时第二轴为 Y 轴，当使用 G18 XZ 平面时第二轴为 Z 轴，当使用 G19 YZ 平面时第二轴为 Z 轴）来指定极坐标角度，极坐标的零度方向为第一坐标轴的正方向，逆时针方向为角度正方向，顺时针方向为角度负向。

如图 10-2 所示，在 XY（G17）平面内，A、B 两点采用极坐标绝对值方式，可表示为：

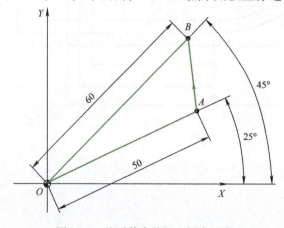

图 10-2　绝对值点的极坐标表示法

A：X50 Y25（极坐标半径为50mm，极坐标角度为25°）

B：X60 Y45（极坐标半径为60mm，极坐标角度为45°）

刀具从*A*点直线插补移动到*B*点采用极坐标系编程如下：

G00 G17 G90 G16 X50 Y25；　　　绝对值编程，快速定位到*XY*平面*A*点

G01 X60 Y45 F100；　　　　　　　直线插补100mm/min移动到*B*点

G15；　　　　　　　　　　　　　极坐标编程方式取消

如图10-3所示，在*XY*（G17）平面内，*A*点采用极坐标绝对值方式可表示为：*A*：X40 Y10（相对于起点极坐标半径为40mm，极坐标角度为10°。）

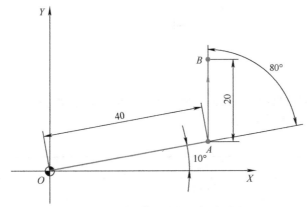

图10-3　增量值点的极坐标表示法

*B*点采用极坐标增量值方式可表示为：*B*：X20 Y80（相对于*A*点极坐标半径为20mm，极坐标角度为80°。）

G00 G17 G90 G16 X40 Y10；　　　绝对值编程，快速定位到*XY*平面*A*点

G91 G01 X20 Y80 F100；　　　　　增量值编程，直线插补100mm/min移动到*B*点

G15 G90；　　　　　　　　　　　极坐标编程方式取消，恢复绝对值编程

3. 极坐标编程实例

通常情况下，图样以半径和角度形式标注轮廓的零件（图10-4所示多边形轮廓零件）以及在圆周分布的孔类零件（图10-5所示法兰孔类零件）采用极坐标编程可大大减少编程计算工作量。

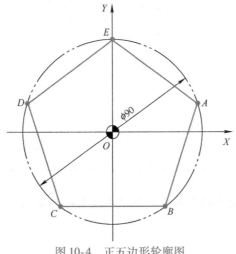

图10-4　正五边形轮廓图

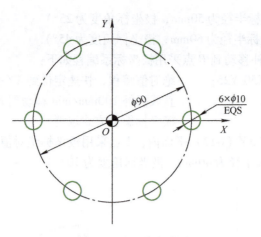

图 10-5 法兰均布孔图

【例 10-1】 Z 向切削深度为 3mm，使用极坐标编程方法编写图 10-4 所示正五边形外轮廓零件铣削的精加工程序（表 10-1）。

表 10-1 正五边形外轮廓零件铣削精加工程序

程 序	注 释
O1001;	程序名
G91 G28 Z0;	Z 轴回参考点
T01 M06;	换 1 号刀
G16;	极坐标编程
G00 G90 G54 G40 G80 X55 Y18;	快速定位到工件坐标系下刀点
M03 S2000;	起动主轴
G43 Z50 H01;	快速下刀，调用 1 号长度补偿
Z5;	快速靠近工件
G01 Z–3 F200;	工件外直线插补下刀
G41 X45 Y18 D01;	调用 1 号半径左补偿移动到工件轮廓 A 点
X45 Y90;	铣削到 B 点
X45 Y162;	铣削到 C 点
X45 Y234;	铣削到 D 点
X45 Y306;	铣削到 E 点
X45 Y18;	铣削到 A 点
G40 X55 Y18;	取消刀具半径补偿退刀至下刀点
G15;	取消极坐标编程
G00 Z50 M05;	快速抬刀至安全高度，主轴停转
M30;	程序结束

注意：极坐标增量方式编程原点会随程序段坐标而变化，情况较为复杂，一般不建议用增量方式进行编程。

【例10-2】 Z向钻孔深度为10mm，使用极坐标编程方法编写图10-5所示法兰零件6个均布孔钻孔程序（表10-2）。

表10-2 法兰零件钻孔程序

程 序	注 释
O1002；	程序名
G91 G28 Z0；	回参考点
T02 M06；	换2号刀
G16；	极坐标编程
G00 G90 G54 G40 G80 X55 Y0；	快速定位到工件坐标系下刀点起动主轴
M03 S1000；	起动主轴
G43 Z50 H02；	快速下刀到安全高度，调用2号长度补偿
G98 G81 X55 Y0 Z−10 R5 F100；	调用钻孔循环钻第一个孔
X55 Y60；	钻第二个孔
X55 Y120；	钻第三个孔
X55 Y180；	钻第四个孔
X55 Y240；	钻第五个孔
X55 Y300；	钻第六个孔
G80 M05；	取消钻孔循环，主轴停转
G15；	取消极坐标编程
G00 G91 G28 Z0；	抬刀到参考点
M30；	程序结束

10.1.2 比例缩放指令编程

在数控铣削编程加工中，部分工件外形轮廓在对应坐标轴上的值是按一定比例系数进行放大或缩小的。为了减少计算量，可采用比例缩放指令来进行编程。

1. 比例缩放指令格式

（1）沿所有轴以相同的比例放大或缩小

编程格式：G51 X __ Y __ Z __ P __；

其中，X、Y、Z为比例缩放中心的绝对坐标值；P为缩放比例，不能用小数点指定该值，"P5000"表示缩放比例为5倍。

例如：G51 X20 Y10 P2500；

该程序段表示在X轴、Y轴上进行比例缩放，缩放中心点坐标为X20 Y10，缩放比例为2.5倍。

如果省略了X、Y和Z，则G51指令的刀具位置作为缩放中心。

（2）沿各轴以不同的比例放大或缩小

编程格式：G51 X __ Y __ Z __ I __ J __ K __；

其中，X、Y、Z为比例缩放中心的绝对坐标值；I、J、K分别用于指定在X、Y、Z三个轴上对应的缩放比例。I、J、K可以指定不相等的参数，表示该指令允许沿不同的坐标方向进行不等比例缩放。缩放比例，不能用小数点指定该值。

例如：G51 X20 Y10 Z0 I2000 J1500 K1000

该程序段表示在X、Y、Z轴上进行比例缩放，缩放中心点坐标为X20 Y10 Z0，在X轴方向缩放比例为 2 倍，Y 轴方向缩放比例为 1.5 倍，Z 轴方向缩放比例为 1 倍。

2. 比例缩放编程说明

1）比例缩放中的刀具半径补偿调用要编写在比例缩放程序段之后，执行比例缩放过程中。

2）在等比例缩放中进行圆弧插补，圆弧半径也相应缩放相同的比例；不同比例缩放中刀具不会走出相应的椭圆轨迹，圆弧半径轨迹将根据 I、J 中较大的值进行缩放。

3）比例缩放指令对刀具半径补偿值，刀具长度补偿值和刀具偏置无效。

比例缩放指令对钻孔循环 G73、G83 中的切入值 Q 无效，精镗循环 G76 和背镗循环 G87 中的偏移值 Q 无效。

4）在执行指定返回参考点或坐标系设定的 G 代码前应取消比例缩放。

5）比例缩放加工程序结束后需执行 G50 指令取消比例缩放编程。

3. 比例缩放指令编程实例

【例 10-3】 如图 10-6 所示，外轮廓轨迹 A、B、C、D、E 以工件坐标系原点为中心在 XY 平面内进行定比例缩放，缩放比例为 1.5 倍，切削深度 2mm，试编写加工程序（表 10-3）。

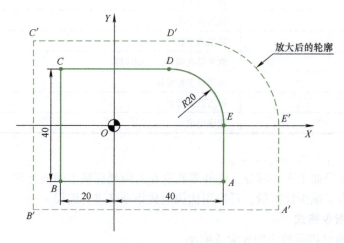

图 10-6 等比缩放实例图

表 10-3 定比例缩放加工程序

程 序	注 释
O1003；	程序名
G91 G28 Z0；	回参考点
T03 M06；	换 3 号刀
G00 G90 G54 G40 G80 X65 Y−40；	快速定位到工件坐标系下刀点
M03 S1000；	起动主轴
G43 Z50 H03；	快速下刀到安全高度，调用 3 号长度补偿
Z5；	快速靠近工件
G01 Z−2 F200；	进给速度直线下刀到加工深度
G51 X0 Y0 P1500；	XY 平面内比例缩放编程，缩放比例为 1.5 倍

（续）

程　　序	注　　释
G41 Y－20 D03；	调用半径补偿刀具边移动至 A 点的 Y 向坐标位置
X－20；	铣削外轮廓至 B 点
Y20；	铣削外轮廓至 C 点
X20；	铣削外轮廓至 D 点
G02 X40 Y0 R20；	铣削圆弧外轮廓至 E 点
G01 Y－22；	铣削外轮廓过 A 点至工件以外
G40 X50；	刀具 X 向移动至工件外取消半径补偿
G50；	取消比例缩放编程
G00Z50；	快速抬刀到安全高度
M05；	主轴停转
M30；	程序结束

【例 10-4】 如图 10-7 所示，外轮廓轨迹 A、B、C、D 以工件坐标系原点为中心在 X、Y 平面内进行不等比例缩放，X 向缩放比例为 1.5 倍，Y 向缩放比例为 2 倍，铣削深度为 2mm，试编写加工程序（表 10-4）。

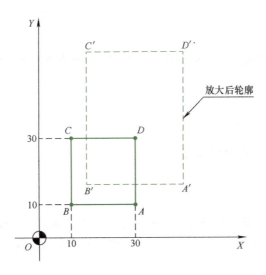

图 10-7　不等比缩放实例图

表 10-4　不等比例缩放加工程序

程　　序	注　　释
O1004；	程序名
G91 G28 Z0；	回参考点
T04 M06；	换 4 号刀

（续）

程　序	注　释
G00 G90 G54 G40 G80 X50 Y0；	快速定位到工件坐标系下刀点
M03 S1000；	起动主轴
G43 Z50 H04；	快速下刀到安全高度，调用 4 号长度补偿
Z5；	快速靠近工件
G01 Z－2 F200；	进给速度直线下刀到加工深度
G51 X0 Y0 I1500 J2000；	以原点为中心 *XY* 平面内不比例缩放编程，X1.5 倍，Y2 倍
G41 Y10 D04；	调用半径补偿刀具边沿移动至 *A*′点的 *Y* 向坐标位置
X10；	铣削外轮廓至 *B*′点
Y30；	铣削外轮廓至 *C*′点
X30；	铣削外轮廓至 *D*′点
Y5；	铣削外轮廓过 *A*′点至工件以外
G40 X40；	刀具 *X* 向移动至工件外取消半径补偿
G50；	取消比例缩放编程
G00Z50 M05；	快速抬刀到安全高度，主轴停转
M30	程序结束

10.1.3　镜像指令编程

当工件相对于某一轴或某一坐标点有对称形状时，可使用镜像指令和子程序对对称部分进行编程加工。

1. 镜像指令格式

编程格式：G51.1 X ＿＿ Y ＿＿；

其中，X、Y 用来指定对称轴或对称点。

📖 **注意**：

1）当 G51.1 后面只有一个轴的坐标出现时表示该镜像是以经过此坐标平行于另一坐标轴的直线为对称轴。例如：G51.1 X50；表示该程序是以过 X50 坐标，平行于 *Y* 轴的直线为镜像轴。

2）当 G51.1 后面有两个轴的坐标出现时表示该镜像是点对称图形，对称点为此坐标点。例如：G51.1 X30 Y50；表示该镜像编程序的对称点坐标是 X30 Y50。

3）镜像加工程序结束后需执行 G50.1 指令取消镜像编程。

---

2. 镜像指令编程实例

【例 10-5】 已知如图 10-8 中各点坐标分别为 *A*（40，40）、*B*（40，20）、*C*（30，20）、*D*（20，30）、*E*（20，40），试用镜像指令编写出四个对称形状的外轮廓精加工程序，切削深度为 3mm。

镜像加工主程序见表10-5，镜像加工子程序见表10-6。

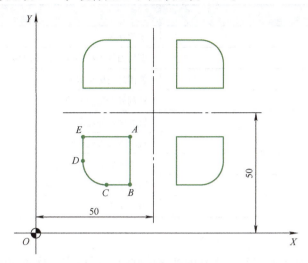

图 10-8 镜像编程实例图

表 10-5 镜像加工主程序

程　　序	注　　释
O1005；	程序名
G91 G28 Z0；	回参考点
T05 M06；	换 5 号刀
G00 G90 G54 G40 G80 X50 Y50；	快速定位到工件坐标系下刀点
M03 S1000；	起动主轴
G43 Z50 H05；	快速下刀到安全高度，调用 5 号长度补偿
Z5；	快速靠近工件
G01 Z－3 F200；	设置进给速度，直线下刀到加工深度
M98 P1051；	调用子程序 O1051
G51. 1 X50；	以经过 X50 Y0 平行于 Y 轴的直线为对称轴镜像编程
M98 P1051；	调用子程序 O1051
G50. 1；	镜像编程取消
G51. 1 Y50；	以经过 X0 Y50 平行于 X 轴的直线为对称轴镜像编程
M98 P1051；	调用子程序 O1051
G50. 1；	镜像编程取消
G51. 1 X50 Y50；	以点 X50 Y50 对称轴镜像编程
M98 P1051；	调用子程序 O1051
G50. 1；	镜像编程取消
G00Z50；	快速抬刀到安全高度
M05；	主轴停转
G91 G28 Z0；	Z 轴回参考点
M30；	程序结束

表 10-6　镜像加工子程序

程　序	注　释
O1051；	子程序名
G01 G41 X40 D5 F200；	调用刀具半径补偿刀具 X 向移动至工件轮廓
Y20；	铣削外轮廓至 B 点
X30；	铣削外轮廓至 C 点
G02 X20 Y30 R10；	铣削圆弧外轮廓至 D 点
G01 Y40；	铣削直线外轮廓至 E 点
X45；	铣削外轮廓至 A 点延长线上
G40 X50 Y50；	取消半径补偿，刀具移动至下刀点
M99；	返回主程序

10.1.4　坐标系旋转指令编程

当工件形状是围绕中心点旋转得到的特殊轮廓时，可使用坐标系旋转指令对旋转部分进行编程加工。

1. 坐标系旋转指令

编程格式：G68 X ＿＿ Y ＿＿ R ＿＿；

其中，X、Y 用来指定坐标系旋转的中心点；R 用来指定坐标系旋转的角度，该角度取值范围为 −360°~360°，其中正值为逆时针方向旋转，负值为顺时针方向旋转。

坐标系旋转加工程序结束后需执行 G69 指令取消坐标系旋转编程。

2. 坐标系旋转编程实例

【例 10-6】 已知如图 10-9 中各点坐标分别为 P（50，25）、Q（75，25）、A（73.42，20.26）、B（88.42，15.26）、C（90，25）、D（88.42，34.74）、E（73.42，29.74），试用坐标系旋转指令编写出图 10-9 中三个桃形沟槽内轮廓精加工程序，切削深度为 2mm。

沟槽零件坐标系旋转加工主程序见表 10-7，子程序见表 10-8。

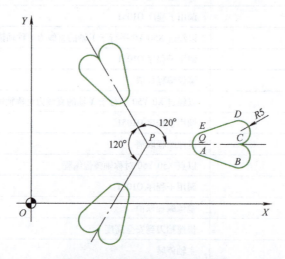

图 10-9　坐标系旋转编程实例图

表 10-7　坐标系旋转加工主程序

程　　序	注　　释
O1006；	程序名
G91 G28 Z0；	回参考点
T06 M06；	换 6 号刀（直径 ϕ6mm）
G00 G90 G54 G40 G80 X50 Y25；	快速定位到工件坐标系下刀点
M03 S1000；	起动主轴
G43 Z50 H06；	快速下刀到安全高度，调用 6 号长度补偿
M98 P1052；	调用子程序 O1052
G68 X50 Y25 R120；	以点 X50 Y25 为中心坐标系逆时针旋转 120° 编程
M98 P1052；	调用子程序 O1052
G69；	坐标系旋转编程取消
G68 X50 Y25 R240；	以点 X50 Y25 为中心坐标系逆时针旋转 240° 编程
M98 P1052；	调用子程序 O1052
G69；	坐标系旋转编程取消
G00 G90 X50 Y25；	绝对坐标值编程刀具快速移动到下刀点
M05；	主轴停转
G91 G28 Z0；	Z 轴返回参考点
M30；	程序结束

表 10-8　坐标系旋转加工子程序

程　　序	注　　释
O1052；	子程序名
G00 G90 X75 Y25；	快速定位到桃形内下刀点 Q；
Z5；	快速靠近工件
G01 Z0 F200；	设置进给速度，直线下刀至工件表面
X85 Z－2；	斜插式下刀
X75；	底面铣平至进刀点 Q
G41 X73.42 Y20.26 D6；	调用刀具半径补偿刀具直线移动至工件轮廓 A 点，D6＝3
X88.42 Y15.26；	铣削直线内轮廓至 B 点
G03 X90 Y25 R－5；	逆时针圆弧铣削内轮廓至 C 点
G03 X88.42 Y34.74 R－5；	逆时针圆弧铣削内轮廓至 D 点
G01 X73.42 Y29.74；	铣削直线内轮廓至 E 点
G03 X73.42 Y20.26 R5；	逆时针圆弧铣削内轮廓至 A 点
G01 G40 X75 Y25；	取消半径补偿，刀具移动至下刀点
G0 Z50；	快速抬刀到安全高度
M99；	返回主程序

3. 坐标系旋转编程说明

1）应在坐标系旋转指令程序段之前指定平面选择代码（G17、G18 或 G19），平面选择代码不能在坐标系旋转指令中指定。

2）在坐标系旋转编程过程中，若需采用刀具补偿指令编程，则需在指定坐标旋转指令后再加刀具补偿，而在取消坐标旋转之前要取消刀具补偿。

3）在坐标系旋转方式中，返回参考点指令（G27～G30）和改变坐标系指令（G54～G59，G92）不能指定。如果需指定，则必须在取消坐标系旋转方式以后指定。

10.2 加工工艺设计

10.2.1 加工工艺分析

该零件毛坯外形尺寸为 120mm × 120mm × 20mm 的精料，加工表面粗糙度值为 $Ra3.2\mu m$，经分析零件轮廓采用粗加工和精加工两道加工工艺。

1）粗加工：选用四刃 50mm 方肩铣机夹铣刀，粗铣两个梭形台阶深度及外轮廓（留精加工余量 0.2mm）。用 6mm 四刃立铣刀粗加工 4 个 L 形槽，深度和轮廓留精加工余量 0.2mm；粗加工两个 T 形槽，深度和轮廓留精加工余量 0.2mm。

2）精加工：选用四刃 50mm 方肩铣机夹铣刀，精铣两个梭形台阶底面；选用 $\phi10mm$ 四刃立铣刀精铣两个梭形台阶外轮廓。用 6mm 四刃立铣刀精铣四个 L 形槽内轮廓及槽底平面，精铣两个 T 形槽内轮廓及槽底平面。

3）钻孔：$\phi3mm$ 中心钻钻出孔位中心孔，$\phi8mm$ 钻头钻 8 × $\phi8mm$ 通孔，$\phi12mm$ 倒角钻孔口倒角。

以上表面正中心为坐标原点，建立工件坐系如图 10-10 所示。

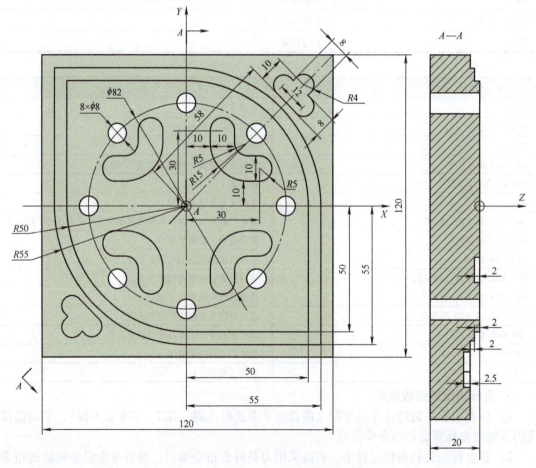

图 10-10　工件坐标系及编程坐标图

10.2.2　设计加工工艺卡

零件加工工艺卡见表10-9。

表10-9　零件加工工艺卡

产品名称或代号		毛坯类型及尺寸		零件名称		零件图号
工序号	程序编号	夹具名称	使用设备	数控系统		场地
1	O1007	机用虎钳	加工中心	FANUC 0i – MD		实训中心
工步号	工步内容	刀具号	刀具名称	转速/(r/min)	进给速度/(mm/min)	切深/mm	备注
1	棱形台阶面及外轮廓粗加工	T01	4刃方肩铣刀	1000	360	1.8	
2	4个L形槽底面和内轮廓粗加工	T02	4刃立铣刀	4000	800	1.8	
3	2个T形槽底面和内轮廓粗加工	T02	4刃立铣刀	4000	800	2.3	
4	棱形台阶面精加工	T03	4刃方肩铣刀	1200	360	0.2	
5	棱形台阶外轮廓精加工	T04	4刃立铣刀	2700	500	2	
6	4个L形槽底面和轮廓精加工	T05	4刃立铣刀	4500	800	2	
7	2个T形槽底面和轮廓精加工	T05	4刃立铣刀	4500	800	2.5	
8	钻8个孔的中心孔	T06	中心钻	2000	150	5	
9	钻8个ϕ8mm通孔	T07	麻花钻	1000	150	26	
10	8个孔口倒角	T08	倒角钻	450	250	0.5	

10.2.3　设计数控加工刀具卡

零件数控加工刀具卡见表10-10。

表10-10　零件数控加工刀具卡　　　　　（单位：mm）

产品名称或代号			零件名称			零件图号		
序号	刀具号	刀具名称	刀具			刀具材料	备注
			直径	长度	圆角半径		
1	T01	方肩铣刀（粗）	ϕ32mm		0.4mm	硬质合金	4刃
2	T02	立铣刀（粗）	ϕ6mm		0	高速钢	4刃
3	T03	方肩铣刀（精）	ϕ32mm		0.4mm	硬质合金	4刃
4	T04	立铣刀（精）	ϕ10mm		0	高速钢	4刃
5	T05	立铣刀（精）	ϕ6mm		0	高速钢	4刃
6	T06	中心钻	ϕ3mm			高速钢	4刃
7	T07	麻花钻	ϕ8mm			高速钢	2刃
8	T08	倒角钻	ϕ12mm			高速钢	3刃

10.3　零件编程

10.3.1　指令的应用

1. 比例缩放指令的应用

2个棱形台阶编程加工分析：如图10-11所示，较大棱形台阶轮廓尺寸是通过较小棱形轮廓以工件中心点按1.1放大比例所得。此加工图形符合比例缩放编程要求条件，可采用比例缩放指令编程加工。其缩放中心点为 X0、Y0，缩放比例为 1.1。

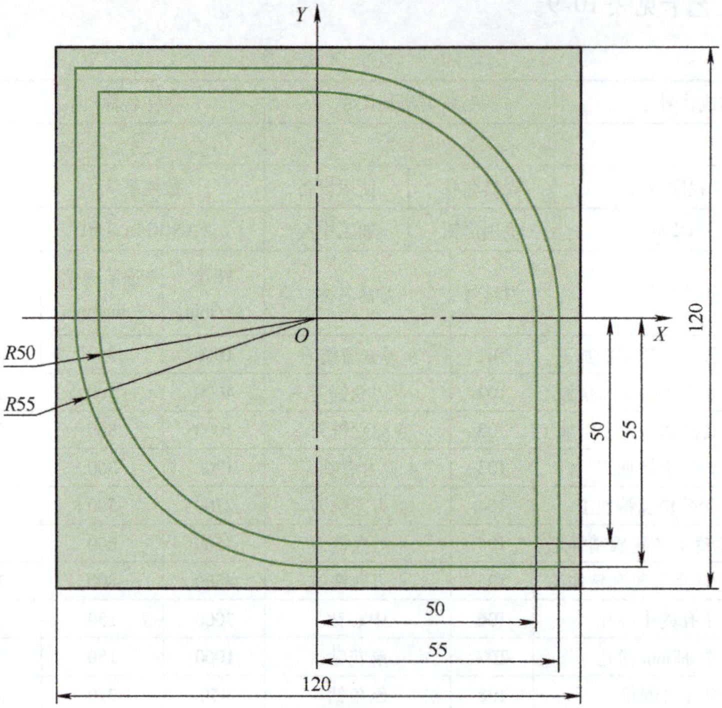

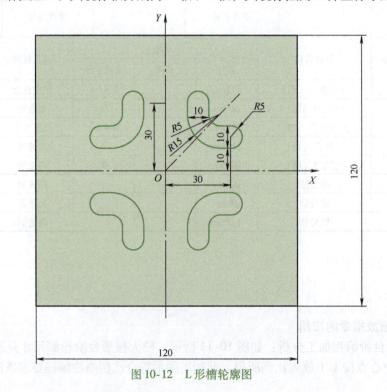

图 10-11　梭形台阶轮廓图

2. 镜像指令的应用

4 个 L 形槽编程分析：如图 10-12 所示，4 个 L 形槽轮廓分布符合镜像编程特点，可采用镜像指令来编程加工。其镜像轴分别为 X 轴、Y 轴，其镜像点为工件坐标系原点。

图 10-12　L 形槽轮廓图

3. 坐标系旋转编程指令的应用

2 个 T 形槽编程分析：如图 10-13 所示，2 个 T 形槽轮廓尺寸标注及分布符合坐标系旋转编程特点，可采用坐标系旋转指令来编程加工。其旋转中心为工件坐标系原点，旋转角度分别为 45°、225°。

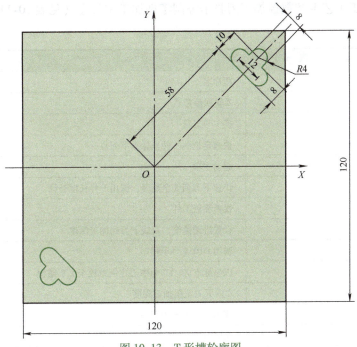

图 10-13 T 形槽轮廓图

4. 极坐标编程指令的应用

8 个 ϕ8mm 孔编程分析：如图 10-14 所示，8 个 ϕ8mm 孔均匀分布在以工件坐标系原点

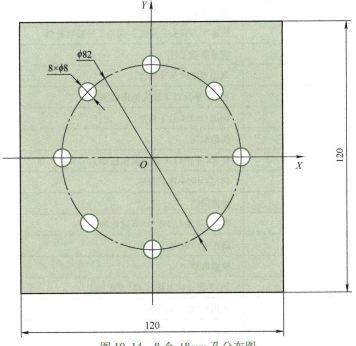

图 10-14 8 个 ϕ8mm 孔分布图

为圆心、直径 ϕ82mm 的圆上，符合极坐标编程特点，可采用极坐标指令来编程加工。8 个孔中心极坐标半径为 41mm，角度绝对编程度数分别为 0°、45°、90°、135°、180°、225°、270°、315°。

10.3.2 编写加工程序

1）按照加工工艺卡和数控加工刀具卡编制零件加工主程序（见表 10-11）。

表 10-11　主程序

程　序	注　释
O1007；	程序名
G91 G28 Z0；	Z 轴回参考点
T01 M06；	换 1 号刀具
G00 G90 C54 G40 G80 X80 Y－75；	快速定位到工件坐标系下刀点
M03 S1000；	起动主轴
G43 Z50 H01；	快速下刀到安全高度，调用 1 号长度补偿
Z5；	快速靠近工件
G01 Z－1.8 F360；	设置进给速度，直线下刀到加工深度
M98 P1053；	调用 O1053 号子程序
G51 X0 Y0 P1100；	以坐标点 X0 Y0 为中心比例缩放至 1.1 编程
G01 Z－3.8 F360	Z 向下刀至粗加工深度
M98 P1053；	调用 O1053 号子程序
G50；	比例缩放编程取消
G00 G91 G28 Z0；	Z 轴回参考点
T02 M06；	换 2 号刀具
G00 C54 G90 G40 G80 X15 Y30；	快速定位到工件坐标系下刀点
M03 S4000；	起动主轴
G43 Z50 H02；	快速下刀到安全高度，调用 2 号长度补偿
Z5；	快速靠近工件
M98 P1054；	调用 O1054 号子程序
G17 G51.1 X0；	在 XY 平面以 Y 轴为镜像轴加工
M98 P1054；	调用 O1054 号子程序
G50.1；	镜像取消
G17 G51.1 Y0；	在 XY 平面以 X 轴为镜像轴加工
M98 P1054；	调用 O1054 号子程序
G50.1；	镜像取消
G17 G51.1 X0 Y0；	在 XY 平面以 X0 Y0 点对称加工
M98 P1054；	调用 O1054 号子程序
G50.1；	镜像取消
G90 G17 G68 X0 Y0 R45；	XY 平面坐标系旋转 45°编程加工
M98 P1055；	调用 O1055 号程序
G69；	坐标系旋转取消

（续）

程　序	注　释
G90 G17 G68 X0 Y0 R225；	XY 平面坐标系旋转 225°编程加工
M98 P1055；	调用 O1055 号子程序
G69；	坐标系旋转取消
G00 G90 Z50 M05；	抬刀，主轴停转
G91 G28 Z0；	Z 轴回参考点
T03 M06；	换 3 号刀具
G00 G90 G54 G40 G80 X80 Y−75；	快速定位到工件坐标系下刀点
M03 S1200；	起动主轴
G43 Z50 H03；	快速下刀到安全高度，调用 3 号长度补偿
Z5；	快速靠近工件
G01 Z−2 F360；	进给速度直线下刀到加工深度
M98 P1056；	调用 O1056 号子程序
G51 X0 Y0 P1100；	以坐标点 X0 Y0 为中心比例缩放至 1.1 倍编程加工
G01 Z−4 F360；	Z 向下刀至粗加工深度
M98 P1056；	调用 O1056 号子程序
G50；	比例缩放编程取消
G00 Z50 M05	抬刀，主轴停转
G91 G28 Z0；	Z 轴回参考点
T04 M06；	换 4 号刀具
G00 G54 G90 X70 Y−65；	快速定位到工件坐标系下刀点并
M03 S2700；	起动主轴
G43 Z50 H04；	快速下刀到安全高度，调用 4 号长度补偿
Z5；	快速靠近工件
G01 Z−2 F500；	进给速度直线下刀到加工深度
M98 P1057；	调用 O1057 号子程序
G51 X0 Y0 P1100；	以坐标点 X0 Y0 为中心比例缩放至 1.1 倍编程
G01 Z−4 F500	Z 向下刀至粗加工深度
M98 P1057；	调用 O1057 号子程序
G50；	比例缩放编程取消
G00 Z50 M05；	抬刀，主轴停转
G91 G28 Z0；	Z 轴回参考点
T05 M06；	换 5 号刀具
G00 G54 G90 G40 G80 X15 Y30；	快速定位到工件坐标系下刀点
M03 S4500；	起动主轴
G43 Z50 H05；	快速下刀到安全高度，调用 5 号长度补偿
Z5；	快速靠近工件
M98 P1058；	调用 O1058 号子程序

（续）

程　序	注　释
G17 G51. 1 X0；	在 *XY* 平面以 *Y* 轴为镜像轴加工
M98 P1058；	调用 O1058 号子程序
G50. 1；	镜像取消
G17 G51. 1 Y0；	在 *XY* 平面以 *X* 轴为镜像轴加工
M98 P1058；	调用 O1058 号子程序
G50. 1；	镜像取消
G17 G51. 1 X0 Y0；	在 *XY* 平面以 X0 Y0 点对称加工
M98 P1058；	调用 O1058 号子程序
G50. 1；	镜像取消
G90 G17 G68 R45；	*XY* 平面坐标系旋转 45°加工
M98 P1059；	调用 O1059 号程序
G69；	坐标系旋转取消
G90 G17 G68 R225；	*XY* 平面坐标系旋转 225°加工
M98 P1059；	调用 O1059 号程序
G69；	坐标系旋转取消
G00 Z50 M05	抬刀，主轴停转
G91 G28 Z0；	*Z* 轴回参考点
T06 M06；	换 6 号刀具
G00 G54 G90 G40 G80 X0 Y0；	快速定位到工件坐标系下刀点并
M03 S2000；	起动主轴
G43 Z50 H06；	快速下刀到安全高度，调用 6 号长度补偿
G90 G17 G16；	*XY* 平面绝对值极坐标编程
G98 G81 X41 Y0 Z－5 R5 F150；	钻第一个中心孔
X41 Y45；	钻第二个中心孔
X41 Y90；	钻第三个中心孔
X41 Y135；	钻第四个中心孔
X41 Y180；	钻第五个中心孔
X41 Y225；	钻第六个中心孔
X41 Y270；	钻第七个中心孔
X41 Y315；	钻第八个中心孔
G80 M05；	钻孔循环取消，主轴停转
G15；	极坐标编程取消
G00 G91 G28 Z0；	*Z* 轴回参考点
T07 M06；	换 6 号刀具
G00 G54 G90 G40 G80 X0 Y0；	快速定位到工件坐标系下刀点
M03 S1000；	起动主轴
G43 Z50 H07；	快速下刀到安全高度，调用 7 号长度补偿

（续）

程　序	注　释
G90 G17 G16；	XY 平面绝对值极坐标编程
G98 G83 X41 Y0 Z－26 R5 Q3 F150；	钻第一个孔
X41 Y45；	钻第二个孔
X41 Y90；	钻第三个孔
X41 Y135；	钻第四个孔
X41 Y180；	钻第五个孔
X41 Y225；	钻第六个孔
X41 Y270；	钻第七个孔
X41 Y315；	钻第八个孔
G80 M05；	钻孔循环取消，主轴停转
G15；	极坐标编程取消
G00 G91 G28 Z0；	Z 轴回参考点
T08 M06；	换 6 号刀具
G00 G54 G90 G40 G80 X0 Y0；	快速定位到工件坐标系下刀点
M03 S450；	起动主轴
G43 Z50 H08；	快速下刀到安全高度，调用 7 号长度补偿
G90 G17 G16；	XY 平面绝对值极坐标编程
G98 G82 X41 Y0 Z－2.7 R5 P300 F250；	第一个孔口倒角
X41 Y45；	第二个孔口倒角
X41 Y90；	第三个孔口倒角
X41 Y135；	第四个孔口倒角
X41 Y180；	第五个孔口倒角
X41 Y225；	第六个孔口倒角
X41 Y270；	第七个孔口倒角
X41 Y315；	第八个孔口倒角
G80 M05；	钻孔循环取消，主轴停转
G15；	极坐标编程取消
G00 G91 G28 Z0；	Z 轴回参考点
G28 Y0；	Y 轴回参考点
M30；	程序结束

2）梭形台阶外轮廓及台阶面粗铣子程序（见表 10-12）。

表 10-12　梭形台阶外轮廓及台阶面粗铣子程序

程　序	注　释
O1053；	子程序名
G01 G41 Y－50 D01 F360；	调用 1 号半径补偿（粗加工）Y 向移动至工件轮廓延长线
X0；	切入工件铣梭形下方直线段
G02 X－50 Y0 R50；	铣梭形左下方圆弧

（续）

程　　序	注　　释
G01 X－50 Y50；	铣梭形左方直线段
X0 Y50；	铣梭形上方直线段
G02 X50 Y0 R50；	铣梭形右上方圆弧
G01 Y－80；	铣梭形右方直线段至工件外
G40 X75；	取消刀具半径补偿
G00 Z5；	抬刀
X80 Y－75；	移动至下刀点
M99；	返回主程序

3）L形槽内轮廓粗铣子程序（见表10-13）。

表10-13　L形槽内轮廓粗铣子程序

程　　序	注　　释
O1054；	子程序名
G00 X15 Y30	快速定位到下刀点
G01 Z0 F800；	设置进给速度，直线下刀到工件表面
X15 Y20 Z－0.9；	斜插式下刀
X15 Y30 Z－1.8；	斜插式下刀至粗铣深度
G41 X10 D02；	调用2号半径补偿（粗加工）X向移动至凹槽轮廓
X10 Y25；	铣L形直线段
G03 X25 Y10 R15；	铣L形 $R15\mathrm{mm}$ 圆弧
G01 X30 Y10；	铣L形直线段
G03 X30 Y20 R5；	铣L形 $R5\mathrm{mm}$ 圆弧
G01 X25 Y20；	铣L形直线段
G02 X20 Y25 R5；	铣L形 $R5\mathrm{mm}$ 圆弧
G01 X20 Y30；	铣L形直线段
G03 X10 Y30 R5；	铣L形 $R5\mathrm{mm}$ 圆弧
G01 G40 X15 Y30；	取消刀具半径补偿刀具移动至下刀起点
G00 Z5；	抬刀
M99；	返回主程序

4）T形槽粗铣子程序（见表10-14）。

表10-14　T形槽粗铣子程序

程　　序	注　　释
O1055；	子程序名
G00 G90 X62 Y6；	快速定位到下刀点
G01 Z－3.8 F800；	设置进给速度，直线下刀到工件表面
X62 Y－6 Z－5.05；	斜插式下刀

（续）

程　　序	注　　释
X62 Y6 Z –6.3；	斜插式下刀至粗铣深度
G41 X58 Y6 D02；	调用2号半径补偿（粗加工）X向移动至凹槽轮廓
X58 Y –6；	铣T形直线段
G03 X66 Y –6 R4；	铣T形R4mm圆弧
G01 X66 Y –4；	铣T形直线段
X68 Y –4 ；	铣T形直线段
G03 X68 Y4 R4；	铣T形R4mm圆弧
G01 X66 Y4；	铣T形直线段
X66 Y6；	铣T形直线段
G03 X58 Y6 R4；	铣T形R4mm圆弧
G01 G40 X62 Y6；	取消刀具半径补偿刀具移动至下刀起点
G00 Z5；	抬刀
M99；	返回主程序

5）梭形台阶面精铣子程序（见表10-15）。

表10-15　梭形台阶面精铣子程序

程　　序	注　　释
O1056	子程序名
G01 G41 Y –50 D03 F360；	调用3号半径补偿（粗加工）Y向移动至工件轮廓延长线
X0；	切入工件铣梭形下方直线段
G02 X –50 Y0 R50；	精铣梭形台阶左下方圆弧外平面
G01 X –50 Y50；	精铣梭形左方直线段外平面
X0 Y50；	精铣梭形上方直线段外平面
G02 X50 Y0 R50；	精铣梭形右上方圆弧外平面
G01 Y –80；	精铣梭形右方直线段外平面至工件以外
G40 X75；	取消刀具半径补偿
G00 Z5；	抬刀
X80 Y –75；	移动至下刀点
M99；	返回主程序

6）梭形台阶外轮廓精铣子程序（见表10-16）。

表10-16　梭形台阶外轮廓精铣子程序

程　　序	注　　释
O1057；	子程序名
G01 G41 Y –50 D04 F500；	调用4号刀具半径补偿（精加工），Y向移动至工件轮廓延长线
X0；	切入工件铣梭形下方直线段
G02 X –50 Y0 R50；	精铣梭形台阶左下方圆弧

（续）

程　　序	注　　释
G01 X－50 Y50；	精铣梭形台阶左方直线段
X0 Y50；	精铣梭形台阶上方直线段
G02 X50 Y0 R50；	精铣梭形台阶右上方圆弧
G01 Y－80；	精铣梭形台阶右方直线段至工件外
G40 X75；	取消刀具半径补偿
G00 Z5；	抬刀
X80 Y－75；	移动至下刀点
M99；	返回主程序

7）L形槽内轮廓精铣子程序（见表10-17）。

表10-17　L形槽内轮廓精铣子程序

程　　序	注　　释
O1058；	子程序名
G00 X15 Y30；	快速定位到下刀点
G01 Z－1.8 F800；	设置进给速度，直线下刀到工件表面
X15 Y20 Z－1.9；	斜插式下刀
X15 Y30 Z－2；	斜插式下刀至粗铣深度
G41 X10 D05；	调用5号刀具半径补偿（精加工）X向移动至凹槽轮廓
X10 Y25；	精铣L形槽直线段
G03 X25 Y10 R15；	精铣L形槽 $R15mm$ 圆弧
G01 X30 Y10；	精铣L形槽直线段
G03 X30 Y20 R5；	精铣L形槽 $R5mm$ 圆弧
G01 X25 Y20；	精铣L形槽直线段
G02 X20 Y25 R5；	精铣L形槽 $R5mm$ 圆弧
G01 X20 Y30；	精铣L形槽直线段
G03 X10 Y30 R5；	精铣L形槽 $R5mm$ 圆弧
G01 G40 X15 Y30；	取消刀具半径补偿刀具移动至下刀起点
G00 Z5；	抬刀
M99；	返回主程序

8）T形槽精铣子程序（见表10-18）。

表10-18　T形槽精铣子程序

程　　序	注　　释
O1059；	子程序名
G00 X62 Y6；	快速定位到下刀点
G01 Z－5.3 F800；	设置进给速度，直线下刀到工件表面
X62 Y－6 Z－6.3；	斜插式下刀

（续）

程　序	注　释
X62 Y6 Z – 6.5;	斜插式下刀至粗铣深度
G41 X58 D05;	调用 5 号刀具半径补偿（精加工）X 向移动至凹槽轮廓
X58 Y – 6;	精铣 T 形槽直线段
G03 X66 Y – 6 R4;	精铣 T 形槽 R4mm 圆弧
G01 X66 Y – 4;	精铣 T 形槽直线段
X68 Y – 4;	精铣 T 形槽直线段
G03 X68 Y4 R4;	精铣 T 形槽 R4mm 圆弧
G01 X66 Y4;	精铣 T 形槽直线段
X66 Y6;	精铣 T 形槽直线段
G03 X58 Y6 R4;	精铣 T 形槽 R4mm 圆弧
G01 G40 X62 Y6;	取消刀具半径补偿刀具移动至下刀起点
G00 Z5;	抬刀
M99;	返回主程序

10.4　零件加工

10.4.1　零件装夹、找正及对刀
1）毛坯装夹与找正。
2）刀具装入刀具库。
3）用寻边器和 Z 轴设定器建立工件坐标系。
4）用 Z 轴设定器对刀并输入刀具长度补偿。

10.4.2　加工程序输入与刀补参数设计
1）从 CF 卡导入加工程序。
2）粗加工刀具半径补偿参数设计与输入。
3）精加工刀具半径补偿参数设计与输入。

10.4.3　零件加工及检验
1）将零件坐标系向上移动 100mm 运行程序并检验。
2）自动运行加工零件。
3）使用游标卡尺和深度尺测量加工尺寸。
4）分析刀具半径补偿数值及刀具直径误差对实际加工精度的影响。

❖ 模块总结

　　本模块主要介绍了在数控铣削加工一些特征类零件中，如何利用极坐标编程、比例缩放编程、镜像编程、坐标系旋转编程等指令简化手动编程坐标计算量及重复结构特征的编程步骤，使编程简单化，减少编程工作量，提高了工作效率。以实际案例通过加工工艺设计、刀具选用、程序编制、零件加工等章节详细介绍了特征类零件加工指令在实际加工中的使用方法和注意事项。

二维码 10-1　装夹、
找正及对刀操作

二维码 10-2　程序输入与
刀补参数设计

二维码 10-3　零件加工及
检验操作

❖ **思考与练习**

1. 运用极坐标指令编写图 10-15 所示外轮廓的数控铣削加工程序。

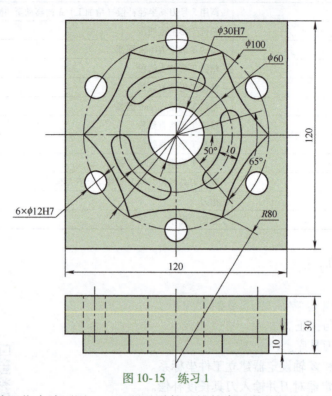

图 10-15 练习 1

2. 运用镜像编程指令编写图 10-16 所示零件凹槽轮廓的数控铣削加工程序。

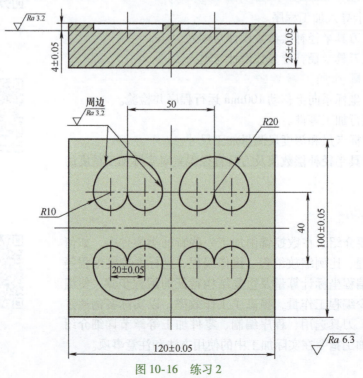

图 10-16 练习 2

3. 运用坐标系旋转编程指令编写图 10-17 所示零件凹槽轮廓的数控铣削加工程序。

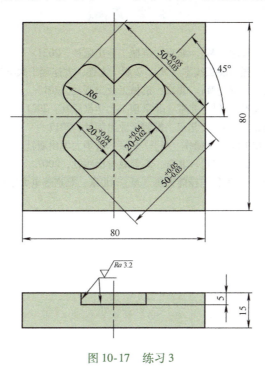

图 10-17　练习 3

参 考 文 献

[1] 吕宜忠. 数控编程与加工技术 [M]. 北京：机械工业出版社，2021.

[2] 张丽华，马立克. 数控编程与加工技术 [M]. 2 版. 大连：大连理工大学出版社，2009.

[3] 关雄飞. 数控加工工艺与编程 [M]. 北京：机械工业出版社，2018.

[4] 万晓航. 数控机床编程技术 [M]. 北京：北京理工大学出版社，2021.

[5] 周兰. 数控车削编程与加工 [M]. 北京：机械工业出版社，2017.

[6] 刘力健，牟盛勇. 数控加工编程及操作 [M]. 北京：清华大学出版社，2007.

[7] 陈洪涛. 数控加工工艺与编程 [M]. 北京：高等教育出版社，2007.

[8] 刘英超. 数控铣床/加工中心编程与技能训练 [M]. 北京：北京邮电大学出版社，2013.